高等职业教育系列教材

U0181367

计算机网络基础
——基于案例与实训
第2版

主编　朱迅

副主编　杨丽波　贾建强

参编　朱重龙

机械工业出版社

本书自 2012 年首次出版以来，得到了广大高职高专院校师生的肯定，本次修订，结合近年来网络技术的新发展，更新了部分理论和实训内容，使内容更加贴近实际应用，更加符合高职高专学生的知识基础、学习特点和能力要求。

本书在理论编排上以 TCP/IP 分层结构为主线。第 1 章介绍了计算机网络及其体系结构；第 2～6 章依次从 TCP/IP 的低层到高层介绍了每一层的功能、协议及实现；第 7 章介绍了网络安全与管理的基础知识；第 8 章介绍了无线网和物联网基础知识。

本书在实践内容上以案例为主线。通过一个实际的组网工程案例贯穿全书，并按照知识点分解到每一章。第 9 章还配有 20 个实训，便于读者进一步提高动手能力。本书在表述中以实用直观为宗旨，以实例讲述原理，图文比例适当，加强与日常生活中遇到的问题和现象的联系，在保证一定广度和深度的前提下力求清晰易懂。

本书可作为高等院校计算机相关专业的教材，也可作为相关专业工程技术人员的参考用书。本书配有授课电子课件和习题答案，需要的教师可登录 www.cmpedu.com 免费注册、审核通过后下载，或联系编辑索取（QQ：1239258369，电话：010-88379739）。

图书在版编目（CIP）数据

计算机网络基础：基于案例与实训 / 朱迅主编. —2 版. —北京：机械工业出版社，2018.8（2022.8 重印）

高等职业教育系列教材

ISBN 978-7-111-60527-0

Ⅰ. ①计… Ⅱ. ①朱… Ⅲ. ①计算机网络－高等职业教育－教材

Ⅳ. ①TP393

中国版本图书馆 CIP 数据核字（2018）第 161745 号

机械工业出版社（北京市百万庄大街 22 号　邮政编码 100037）

策划编辑：鹿　征　　责任编辑：鹿　征

责任校对：张艳霞　　责任印制：常天培

天津嘉恒印务有限公司印刷

2022 年 8 月第 2 版·第 12 次印刷

184mm×260mm·13.5 印张·328 千字

标准书号：ISBN 978-7-111-60527-0

定价：49.00 元

电话服务　　　　　　　　　　网络服务

客服电话：010-88361066　　　机 工 官 网：www.cmpbook.com

　　　　　010-88379833　　　机 工 官 博：weibo.com/cmp1952

　　　　　010-68326294　　　金 书 网：www.golden-book.com

封底无防伪标均为盗版　　　机工教育服务网：www.cmpedu.com

高等职业教育系列教材
计算机专业编委会成员名单

出 版 说 明

《国务院关于加快发展现代职业教育的决定》指出：到 2020 年，形成适应发展需求、产教深度融合、中职高职衔接、职业教育与普通教育相互沟通，体现终身教育理念，具有中国特色、世界水平的现代职业教育体系，推进人才培养模式创新，坚持校企合作、工学结合，强化教学、学习、实训相融合的教育教学活动，推行项目教学、案例教学、工作过程导向教学等教学模式，引导社会力量参与教学过程，共同开发课程和教材等教育资源。机械工业出版社组织国内 80 余所职业院校（其中大部分是示范性院校和骨干院校）的骨干教师共同规划、编写并出版的"高等职业教育规划教材"系列，已历经十余年的积淀和发展，今后将更加紧密结合国家职业教育文件精神，致力于建设符合现代职业教育教学需求的教材体系，打造充分适应现代职业教育教学模式的、体现工学结合特点的新型精品化教材。

在本系列教材策划和编写的过程中，主编院校通过编委会平台充分调研相关院校的专业课程体系，认真讨论课程教学大纲，积极听取相关专家意见，并融合教学中的实践经验，吸收职业教育改革成果，寻求企业合作，针对不同的课程性质采取差异化的编写策略。其中，核心基础课程的教材在保持扎实的理论基础的同时，增加实训和习题以及相关的多媒体配套资源；实践性课程的教材则强调理论与实训紧密结合，采用理实一体的编写模式；实用技术型课程的教材则在其中引入了最新的知识、技术、工艺和方法，同时重视企业参与，吸纳来自企业的真实案例。此外，根据实际教学的需要对部分内容进行了整合和优化。

归纳起来，本系列教材具有以下特点：

1) 围绕培养学生的职业技能这条主线来设计教材的结构、内容和形式。

2) 合理安排基础知识和实践知识的比例。基础知识以"必需、够用"为度，强调专业技术应用能力的训练，适当增加实训环节。

3) 符合高职学生的学习特点和认知规律。对基本理论和方法的论述容易理解、清晰简洁，多用图表来表达信息；增加相关技术在生产中的应用实例，引导学生主动学习。

4) 教材内容紧随技术和经济的发展而更新，及时将新知识、新技术、新工艺和新案例等引入教材。同时注重吸收最新的教学理念，并积极支持新专业的教材建设。

5) 注重立体化教材建设。通过主教材、电子教案、配套素材光盘、实训指导和习题及解答等教学资源的有机结合，提高教学服务水平，为高素质技能型人才的培养创造良好的条件。

由于我国高等职业教育改革和发展的速度很快，加之我们的水平和经验有限，因此在教材的编写和出版过程中难免出现疏漏。我们恳请使用这套教材的师生及时向我们反馈质量信息，以利于我们今后不断提高教材的出版质量，为广大师生提供更多、更适用的教材。

机械工业出版社

前　言

计算机网络行业目前处于快速发展之中，人才需求量不断增加。"计算机网络基础"是该行业相关专业的一门专业基础课程，对于后续课程及知识的学习有重要作用。它是一门理论性和实践性兼具的课程，不仅包括网络协议等抽象的理论性知识，也包括局域网组建和管理、Internet 接入、网络服务配置等具体的实践性环节，对教材要求较高。

具有丰富案例和实训的本书第 1 版出版已有 6 年时间，虽然 TCP/IP 还是计算机网络的运行基础，但变化总是存在，特别是在物理层和应用层，因此笔者认为有必要编写本书的第 2 版，以使本书更加贴近实际应用。以下是本书的一些主要变化：将第 1 版中计算机网络概述和网络体系结构两章的内容合并为第 1 章；第 2 章物理层中修改完善了光纤介质的相关知识，删减了部分数据通信的内容；第 5 章传输层中增加了 NAT 技术，特别是端口 NAT 的相关知识；第 6 章应用层中修改了 Internet 接入方式，删除了几种渐被淘汰的接入方式，增加了 PON 和 LAN 接入；第 8 章无线网和物联网中修改完善了无线局域网特别是 AP 和 AC 的相关知识；第 9 章实训中删除了调制解调器等实训，增加了 NAT、远程桌面、动态域名等实用性较强的实训内容。

本书参考学时建议为 90 学时（含实训）：其中第 1 章 4 学时，第 2 章 10 学时，第 3 章12 学时，第 4 章 16 学时，第 5 章 10 学时，第 6 章 18 学时，第 7 章 10 学时，第 8 章 6 学时，复习及习题 4 学时。各院校选用本书作为教材时，也可以视具体情况适当增减。

本书由朱迅任主编，杨丽波、贾建强任副主编。编写分工为：朱迅编写第 1～7 章，贾建强、朱重龙编写第 8 章，朱迅、杨丽波编写第 9 章。全书由朱迅统稿，淮安信息职业技术学院丁勤副教授担任主审。

为便于教师授课和学生学习，本书免费提供电子课件等资源，下载地址为http://www.cmpedu.com。

由于编者水平所限，加之时间仓促，书中会有不少缺点或错误，欢迎读者批评指正。

编　者

目　录

第1章 计算机网络概述

1.1 计算机网络的发展历史

1.1.1 计算机网络的产生

计算机网络是指将地理位置不同且功能相对独立的多个计算机系统通过网络设备和通信线路相互连接在一起,由协议规定其工作方式和工作过程的系统。组建计算机网络的根本目的是为了实现数据传输和资源共享。

早在 20 世纪 50 年代初,美国建立的半自动地面防空系统就是将地面的雷达和其他测量控制设备的信息通过通信线路汇集到一台中心计算机进行处理,开创了把计算机技术和通信技术结合的尝试。这类简单的"终端—通信线路—计算机"系统,成为计算机网络的雏形。20 世纪 60 年代中后期,美国国防部高级研究计划局(Advanced Research Project Agency,ARPA)建成了著名的远程分组交换式网络——ARPA 网。该项目由计算机公司和大学共同研制开发,主要目标是借助于通信系统,使网内各计算机系统间能够共享资源,最终,一个实验性的 4 个节点(UCLA、UCSB、SRI 和 Utah 共 4 所大学)网络开始运行并投入使用。ARPA 网采用了当时先进的分组交换技术,由主机和子网组成,由协议和软件支持其工作,在概念、结构和网络设计方面都为后续的计算机网络打下了基础,以 ARPA 网使用的协议为模型产生了今天使用最广泛的 TCP/IP。1969 年初步建成的 ARPA 网,开创了"计算机—计算机"通信的时代,并呈现出多处理中心的特点,标志着计算机网络的产生。

1.1.2 计算机网络的发展

1. 以单主机为中心的网络

在计算机网络发展的初期,由于处理器相当昂贵,常将若干终端通过线路连接到主机,终端负责接收和发送数据,主机负责处理数据,这种结构是计算机网络的雏形,被称为第一代计算机网络,如图 1-1 所示。

2. 以分组交换为中心的多主机网络

随着主机数量的增多,需要将远距离的若干主机连接起来协同完成任务,由此产生了分组交换网，如图 1-2 所示。

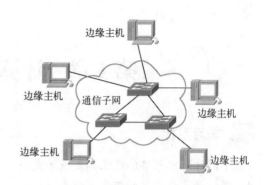

图 1-1　以单主机为中心的网络　　　　图 1-2　以分组交换为中心的多主机网络

分组交换网由资源子网和通信子网组成。资源子网指所有的边缘主机，通信子网主要指分组交换设备和通信线路。有了分组交换网以后，主机之间不需要直接相连，而只需要接入通信子网。分组交换网被称为第二代计算机网络，如 ARPA 网就是典型的分组交换网。

3. 标准化的开放性网络

为了使不同设计标准的网络能够互联互通，国际标准化组织（International Standard Organization，ISO）于 1983 年提出了一个使各种计算机能够互连的标准框架——开放式系统互连参考模型（Open System Interconnection/Reference Model，OSI/RM），简称 OSI。OSI 模型是一个开放体系结构，它将网络分为 7 层，并规定每层的功能，从而使网络的发展走向标准化道路，其最大体现就是 Internet 的产生。Internet 是一个标准化的开放性广域网，符合其标准的网络都可以接入，从而极大地促进了网络的发展。

1.1.3　计算机网络的现状

我国最早着手建设计算机广域网的是铁路部门，铁道部在 1980 年即开始进行联网实验。1989 年 2 月我国第一个公用分组交换网 CHINAPAC 通过试运行并开通业务。它由 3 个分组交换机、8 个集中器和 1 个网络管理中心组成。这 3 个分组结点交换机分别设在北京、上海和广州，而 8 个集中器分别设在沈阳、天津、南京、西安、成都、武汉、深圳和北京的原邮电部数据所，网络管理中心设在北京电报局。此外，还开通了北京至巴黎和北京至纽约的两条国际电路。1994 年 3 月，中国获准加入互联网。

2017 年 8 月，中国互联网络信息中心（CNNIC）在京发布《第 40 次中国互联网络发展状况统计报告》（以下简称《报告》）。

《报告》显示，截至 2017 年 6 月，互联网普及率为 54.3%，超过全球平均水平 4.6 个百分点。我国 IPv4 地址数量达到 3.38 亿个、IPv6 地址数量达到 21283 块/32 地址，二者总量均居世界第二；中国网站数量为 506 万个，半年增长 4.8%；国际出口带宽达到 7,974,779Mbit/s，较 2016 年底增长 20.1%。

《报告》显示，截至 2017 年 6 月，我国网民规模达到 7.51 亿，其中手机网民规模达 7.24 亿，网民中使用手机上网的比例由 2016 年底的 95.1%提升至 96.3%，手机上网比例持续提升。2017 年上半年，各类手机应用的用户规模不断上升，场景更加丰富。其中，手机外卖应用增长最为迅速，用户规模达到 2.74 亿，较 2016 年底增长 41.4%；移动支付用户规模达

5.02 亿，线下场景使用特点突出，4.63 亿网民在线下消费时使用手机进行支付。

《报告》显示，2017 年上半年，在线教育、网约出租车、网约专车或快车的用户规模分别达到 1.44 亿、2.78 亿和 2.17 亿。共享单车用户规模达到 1.06 亿，丰富了市民出行方式。商务交易类应用持续高速增长，网络购物、网上外卖和在线旅行预订用户规模分别增长 10.2%、41.6%和 11.5%。网络购物市场消费升级特征进一步显现，用户偏好逐步向品质、智能、新品类消费转移。同时，线上线下融合向数据、技术、场景等领域深入扩展，各平台积累的庞大用户数据资源进一步得到重视。

1.1.4 计算机网络的未来

未来的计算机网络将更关注于带宽、应用、安全、QoS（服务质量）、终端多样性、智能化等，并且与软件技术和人工智能技术会进行更加深度的融合。下面的一些例子读者可能都有体会：

1）带宽。有线通信网中光纤到户的线缆敷设方式得到广泛应用，十万兆级数据中心交换技术的发展使得云计算和虚拟化成为可能，通过 4G 无线通信技术可以观看在线高清视频，而 5G 无线通信技术也将在 2020 年左右普及应用。

2）应用。越来越多的设备可以通过网络进行管理和控制，例如小米公司的电饭煲、摄像头甚至电器插座都可以通过手机进行远程控制。而越来越多的应用会通过无线技术实现，例如共享单车、无线充电、网上购物等。

3）终端。物联网技术使得装有传感器的设备都可以与互联网连接，Wi-Fi 技术使得越来越多的智能家居设备出现，全球定位系统的发展使得交通出行更加便利。

4）智能化。人工智能（Artificial Intelligence，AI）技术与网络技术不断融合，扫地机器人已经走进千家万户，无人驾驶技术已进入实车测试阶段，

5）SDN。软件定义网络（Software Defined Network, SDN）是一种新型网络架构，是网络虚拟化的一种实现方式，通过将网络设备控制面与数据面分离开来，从而实现了网络流量的灵活控制，使网络作为管道变得更加智能。

1.2 计算机网络的组成

计算机网络主要由网络终端、网络设备、通信介质等组成。

1.2.1 网络终端

网络终端指位于网络拓扑结构末端的设备，可以接收和发送数据，一般提供人机接口。常见的网络终端设备包括计算机、手机、打印机、IP 电话、智能家电、监控设备、读卡器等。

1.2.2 网络设备

网络设备指位于网络拓扑中间节点的设备，主要功能是数据转发。网络设备在数据转发过程中所起的作用如下。

1）数据形式转换。例如调制解调器用于数字信号和模拟信号的转换，光纤收发器用于光信号和电信号的转换。

2）数据信号整形放大。信号在传输的过程中会产生衰减和干扰，为避免信号传输超过一定距离后失真，需要及时地将信号整形放大，如放大器、中继器等。

3）数据广播。在多端口节点中，把从一个端口接收的数据广播发送到多个端口，如集线器等。

4）数据寻址。在多端口节点中，根据数据中提供的地址，把从一个端口接收的数据转发到目的地址所在的端口，如交换机、路由器等。

1.2.3　通信介质

通信介质是网络中信息传输的载体，其性能特点对传输速率、传输距离、传输可靠性、可连接的网络节点数目等都有很大的影响，必须根据不同的通信要求，合理地选择通信介质。常用的有线通信介质包括双绞线、光缆和同轴电缆等，常用的无线通信介质包括微波、红外线和无线电等。关于各种通信介质的特点和用途将在第 2 章中作详细介绍。

1.3　计算机网络的分类

在计算机网络的研究中，常见的分类方法有以下几种：按地理覆盖范围，将网络划分为局域网、广域网和城域网；按拓扑结构，将网络划分为总线型网络、环形网络、星形网络、树形网络、网状网络；按传输介质工作方式，将网络划分为共享介质的网络和交换式网络等。

1.3.1　按地理覆盖范围分类

1. 局域网

局域网（Local Area Network，LAN）是分布在较小地理范围内的网络，通常用专用通信线路连接，因而数据传输速率较高。局域网的本质特征是覆盖范围小、数据传输速度快。

局域网的主要特点如下：

- 地理范围一般不超过几千米，通常网络分布在一座办公大楼或集中的建筑群内，为单个组织所有，一般由具体单位进行管理；
- 通信速率高，传输速率一般为 10～100Mbit/s，甚至 1000Mbit/s 以上；
- 易于安装、组建与维护，节点的增删容易，具有较好的灵活性。

2. 广域网

广域网（Wide Area Network，WAN）通常是指分布范围较大，覆盖一个地区、国家甚至全球范围内的互联通信网络。广域网的本质特征是覆盖范围大、采用的协议和网络拓扑结构多样化。如 Internet 就是广域网的一种。

广域网的主要特点如下：

- 通常采用公共通信网作为通信子网，整个网络一般由一个或多个电信运营商管理；
- 数据在传输过程中要经过多个网络设备，数据传输速率较低、传输延时较大。

3. 城域网

城域网（Metropolitan Area Network，MAN）是一种介于广域网和局域网之间的网络，覆盖范围通常是一个城市的规模，从几千米到几十千米甚至几百千米。城域网设计的目标是满足一个地区内的计算机互联的要求，以实现大量用户、多种信息传输为目标的综合信息传输网络。

1.3.2 按拓扑结构分类

网络中各个节点相互连接的方法和形式称网络拓扑，主要有总线型拓扑、星形拓扑、环形拓扑、树形拓扑、网状拓扑和混合型拓扑等，如图 1-3 所示。拓扑结构的选择往往和多种因素紧密相关，如网络节点的数量和位置、传输介质的选择、介质访问控制方式、要求达到的服务质量或网络性能等。选择拓扑结构时，考虑的主要因素通常是费用、可靠性和灵活性，目前使用较多的拓扑结构有星形拓扑、树形拓扑、网状拓扑和混合型拓扑。

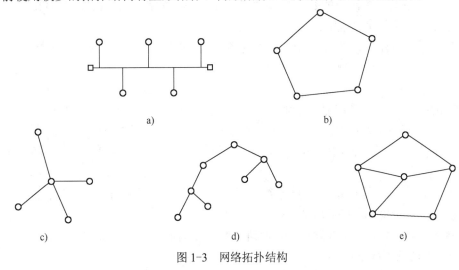

图 1-3　网络拓扑结构

a) 总线型　b) 环形　c) 星形　d) 树形　e) 网状

1. 总线型拓扑

总线型拓扑结构采用单个总线进行通信，所有的站点都通过相应的硬件接口直接连接到传输总线上，一个网段内的所有节点共享总线资源。因为所有的节点共享一条公用传输链路，所以一次只能由一个设备传输，不允许有两个或以上的节点同时使用总线，总线的带宽成为网络的瓶颈，网络的性能和效率随着网络负载的增加而下降，并且需要采用某种形式的访问控制策略来决定下一次哪一个站可以发送。

总线拓扑的优点：

- 结构简单、易于扩充。增加新的站点，可在任一点将其接入；
- 电缆长度短、布线容易。所有的站点接到一个公共数据通路，因此只需很短的电缆长度，从而减少了安装费用，易于布线和维护。

总线拓扑的缺点：

- 故障诊断困难。由于不是集中控制，故障检测需在网上各个站点上进行；
- 网络性能较差。共享总线的带宽成为网络的瓶颈。

基于以上特点，总线型网络较适用于单向广播型网络，如有线电视网、语音广播网等，在计算机网络中目前使用较少。

2. 环形拓扑

在环形拓扑结构中，各个网络节点连接成环。在环路上信息单向从一个节点传送到另一个节点，传送路径固定，没有路径选择的问题。由于多个设备共享一个环，因此需要对此进行控制，以便决定每个站在什么时候可以发送数据。这种功能是用分布控制的形式完成的，每个站都有控制发送和接收的访问逻辑。

环形拓扑的优点如下：

● 结构简单、容易实现、无路径选择；
● 所需电缆长度和总线拓扑相似，但比星形拓扑要短得多。

环形拓扑的缺点如下：

● 可靠性较差。在环上的数据传输要通过接在环上的每一个站点，环中某一个节点出故障就会引起全网故障；
● 故障诊断困难。因为某一个节点故障都会使全网不工作，因此难于诊断故障，需要对每个节点进行检测。

3. 星形拓扑

星形拓扑是由中央节点和通过点到点链路接到中央节点的各站点组成。中央节点执行集中式通信控制策略，而各个站点的通信处理负担都很小，一旦建立了通道连接，能以较高速率在连通的两个站之间传送数据。星形拓扑结构广泛应用于网络中智能控制集中于中央节点的场合。

星形拓扑的优点如下：

● 便于管理、结构简单、扩展网络容易，增删节点不影响网络的其余部分，易于更改，也易于检测和隔离故障；
● 网络性能较高。各条线路可以同时进行数据传输。

星形拓扑的缺点如下：

● 依赖于中央节点。中央节点是网络的瓶颈，一旦出现故障则全网瘫痪，所以对中央节点的可靠性和冗余度要求很高；
● 电缆长度长。每个站点直接和中央节点相连，这种拓扑结构需要大量电缆，安装、维护等费用相当可观。

4. 树形拓扑

树形拓扑可以认为是分层的星形拓扑，其特点和星形拓扑类似，与星形拓扑相比更适合分层管理。如图1-4所示的局域网拓扑是一个典型的树形拓扑。

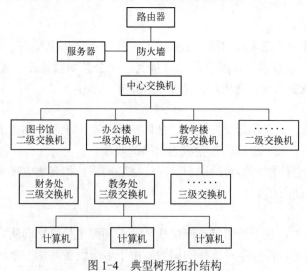

图1-4 典型树形拓扑结构

5．网状拓扑

网状拓扑节点之间的连接是任意的、无规律的，即任两个节点之间可以没有、有一条或有多条线路。网状拓扑的优点是系统可靠性高，如果有一条链路发生故障，则网络的其他部分仍可正常运行。网状拓扑的缺点是结构复杂、建设费用高、布线困难。通常网状拓扑用于大型网络系统和公共通信骨干网，在局域网和城域网中很少使用。

6．混合型拓扑

混合型拓扑由以上两种或多种拓扑结构混合而成。它可以综合多种拓扑结构的优点，使用较多。如图 1-5 所示的拓扑就是由环形拓扑和星形拓扑混合而成的。

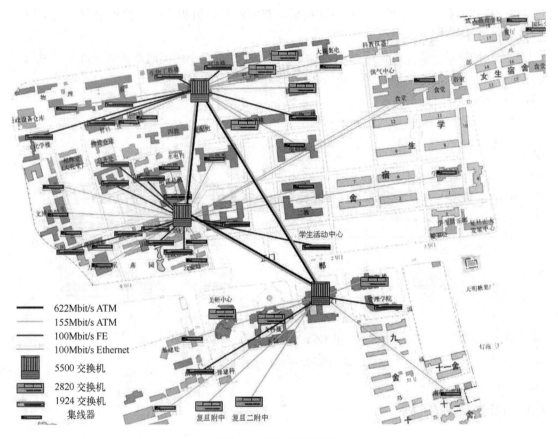

图 1-5　混合型拓扑结构

1.3.3　按传输介质工作方式分类

1．共享介质网络

共享介质访问技术意味着有多个设备或终端连接在同一段通信介质上且均有使用权限，需要共享该通信介质资源。如果多个设备同时使用共享介质会发生冲突，此时需要通过协议来协调各设备使用共享介质的时间段。例如校园或楼宇内的语音广播系统就是典型的共享介质网络。

共享介质网络的特点是：结构简单、易于扩充、线缆总长度较短、造价较低，但随着网络设备的增加，每个设备占用传输介质的时间将越来越少，网络通信的延时也将越来越大，网络的性能将越来越差。

2. 交换式网络

交换技术是将传统共享介质分成一系列独立的网段，每一段上仅连接两台网络设备或终端，从而将大的通信流量分成许多小的通信支流，从根本上消除了共享介质造成的拥塞和瓶颈。通过分段，还可以对特定的网段隔离通信或进行控制，从而使网络配置和管理更加方便灵活。交换式网络类似于电话网，电话网通过各电话交换机连接起来，每个电话交换机又连接若干个电话机，即使在同一地区的两个电话用户之间通话也要通过电话交换机。在交换式网络中，需要设置网络交换机，与网络交换机相连的计算机之间通过交换机进行通信。

交换式网络的特点是：便于管理、容易扩展，增删节点不影响网络的其余部分，也易于检测和隔离故障，网络性能较高，各条线路可以同时进行数据传输，但线缆总长度较长，且需要增加交换设备，造价较高。

共享介质网络和交换式网络的区别如图 1-6 所示。

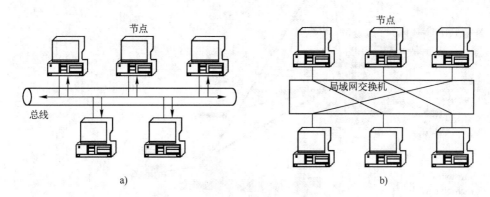

图 1-6　共享介质网络和交换式网络示意图

a) 共享介质网络　b) 交换式网络

1.4　网络体系结构

1.4.1　层的概念及作用

在计算机网络中，各个节点之间需要不断地交换数据与控制信息。要做到有条不紊地交换数据，每个节点都要遵守一些事先约定好的规则。这些规则明确地规定了所交换数据的格式和时序。这些为网络数据交换而制定的规则、约定与标准被称为网络协议（protocol）。

协议是一种通信规约。从广义上说，人们之间的交往就是一种信息交换的过程，人们每做一件事都必须遵循一种事先约好的规定。那么为了保证计算机网络中大量计算机之间正常的数据交换，就必须制定一系列的通信协议。

为了减少协议设计的复杂性，大多数网络都按层（layer）或级（level）的方式来组织，每一层都建立在它的下层之上。不同的网络，其层的数量、各层的名字、内容和功能都不尽相同。然而，在所有的网络中，每一层的目的都是向上一层提供一定的服务，而把如何实现这一服务的细节对上一层加以屏蔽。

如何理解分层的作用和必要性，举例来说，通过邮局寄信时，用户将信给邮局，邮局将信交给运输部门，最终由运输部门负责运输，如图 1-7 所示。这个过程中存在着同层之间的约定和上下层之间的约定。例如，用户之间的约定体现在写信时必须采用双方都懂的语言文字和文体，开头是对方称谓，最后是落款等，这样对方收到信后，才可以看懂信中的内容；寄信人和邮局之间也要有约定，即规定信封写法并贴邮票；邮局和运输部门也有约定，如到站地点、时间、包裹形式等。

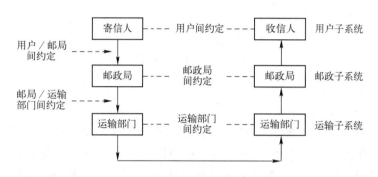

图 1-7　邮政系统分层模型

由此例可以看出，系统分层后，每一层都有自己的功能，同层之间有约定，上下层之间有接口。下层是对上一层服务的，相同层之间（在下层的帮助下）就好像直接进行对话。分层的最大好处在于把复杂的事情分解成一个个小问题，使复杂问题简单化。

1.4.2　OSI 七层模型

国际标准化组织（International Organization for Standardization，ISO）于 1977 年成立了专门机构，研究不同网络体系结构互连问题。提出了开放系统互联参考模型（Open Systems Interconnection Reference Mode，OSI/RM），简称为 OSI 模型，"开放"在这里表示能使任何两个遵守 OSI 模型和有关标准的系统实现互连。分层的原则如下：

1）每一层应当实现一个定义明确的功能。

2）每一层都为它上面一层提供一些服务，并将该层无法完成的细节交由下一层处理。

3）每层功能的选择应该有助于网络协议的标准化。

4）各层边界的选择应尽量减少跨过接口的通信量。

5）层数应足够多，以避免不同的功能混杂在同一层中，但也不能太多，否则结构就会过于庞大。

OSI 参考模型共划分为 7 层，从下到上依次为：物理层、数据链路层、网络层、传输层、会话层、表示层和应用层。如图 1-8 所示，图中虚线连接表示同层之间的协议，实线表示数据流。在发送方数据由应用层逐层传递到物理层，在接收端数据由物理层传递到应用层。

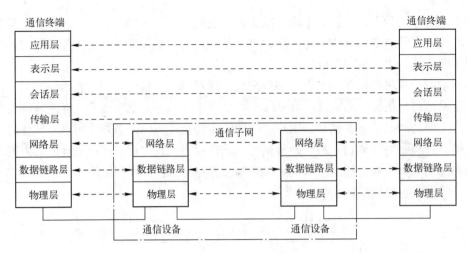

图 1-8　OSI 七层模型

下面简要介绍各层的功能。

1. 物理层（Physical Layer）

为在物理媒体上建立、维持和终止数据比特流的物理连接提供机械、电气、功能和过程的手段。物理层是 OSI 模型的最底层，也是唯一的实通信层，其他各层的通信都是虚通信。物理层负责在网络上传输数据比特流，即按位进行传输，而不去理会数据的含义或格式。

2. 数据链路层（Data Link Layer）

通过校验、确认和反馈重发等手段将原始的物理连接改造成可靠的数据链路。数据链路层负责相邻节点间的数据传输，要解决将比特组合成帧（Frame）和差错控制等问题。帧是数据链路层的数据单元，即在数据链路层按帧进行传输。

3. 网络层（Network Layer）

网络层是通信子网的最高层次，解决路由选择、拥塞控制和网络互连等问题。网络层控制着通信子网，所谓通信子网就是实现路由和数据传输所必需的传输介质和交换组件的集合。网络层传输的数据单元称为分组或包（Packet）。典型的网络层协议是网络互连协议（Internet Protocol，IP）。

4. 传输层（Transport Layer）

传输层提供可靠有效的端到端的网络连接。传输层能根据上层用户提出的传输连接请求，为其建立具有数据分流或线路复用功能的一条或多条网络连接。传输层使会话层不受通信子网更替和技术变化的影响，为双方主机间通信提供了透明的数据通道。因此，传输层是第一个端对端，也就是主机到主机的层次，从该层起向上各层都称为"高层"，高层协议都是端对端的协议。典型的传输层协议有传输控制协议（Transmission Control Protocol，TCP）和用户数据报协议（User Datagram Protocol，UDP）。

5. 会话层（Session Layer）

允许不同主机上各种进程之间进行会话，并提供会话管理的功能，其数据流方向控制模式有 3 种，即单工、半双工和全双工。会话层是发送端进程到接收端进程的层次。

6. 表示层（Presentation Layer）

为上层用户提供共同需要的数据语法表示变换，完成数据转换、压缩与解压缩、加密与解密等基本操作。

7．应用层（Application Layer）

应用层是 OSI 模型的最高层，直接为最终用户服务，能提供包括事务处理、文件传输、电子邮件、远程登录和资源定位等服务在内的各种网络用户服务。

1.4.3　分层数据传输机制

正如寄信时要在信纸外面套上信封并填写地址、邮编等信息后收件人才能收到信一样，数据在发送时必须按照一定的格式在数据前面加上头部，仅有数据本身是无法在复杂的网络中通行的。数据头部一般包括发送方和接收方信息、数据包长度、数据校验码等信息，并且由于应用层的数据量往往较大（如一个文件或一个视频），如果将其整体作为一个数据包传递的话，一旦网络出现拥挤或堵塞的情况，接收方将无法正确接收，因此往往将要发送的数据分割为若干数据块，再加上头部生成若干个数据包发送，这样生成的数据包大小便于在网络中传输，即使出现个别数据包丢失或接收不正确的情况也不需要将所有的数据重传。

发送方数据包生成过程如图 1-9 所示，首先将要发送的数据按指定大小分割成若干数据块，然后分别添加头部生成若干数据包并发送。这个过程被称为封装或打包。

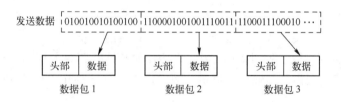

图 1-9　封装（打包）

接收方的过程正好相反，即去掉接收到的数据包的头部信息，并将数据块拼接在一起。如图 1-10 所示。

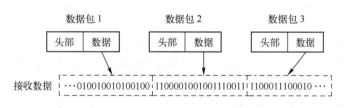

图 1-10　解封装（解包）

在 OSI 模型中，由于整个网络被分成 7 层，数据在发送方从上一层到下一层的每一次传递都需要按照该层的功能及协议的格式要求进行封装，因此一共需要添加 6 个头部信息即经过 6 次封装才到物理层。在物理层将所有数据作为比特流按位发送到接收方，接收方经 6 次解封装才能到达最上层，如图 1-11 所示。

通过上述分析，可以总结分层数据传输过程如下：

1）数据在发送方从最上层（应用层）到最下层（物理层）需经多次封装，最终由物理层传输比特流。接收方从接收到数据后从最下层（物理层）到最上层（应用层）需经多次解封装。

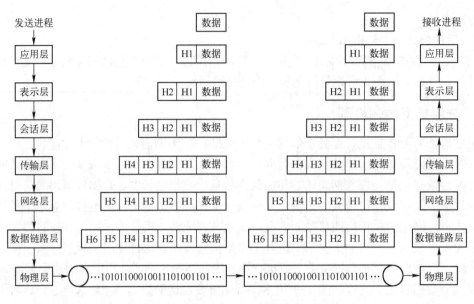

图 1-11   OSI 分层数据传输

2）数据包封装过程是：先将接收到的上层数据分割成一定长度的数据块，再分别添加本层的头部。其中添加头部数据的目的是为了完成该层的功能。

3）物理层最终传输的数据除了应用层要传输的数据外还有各层的头部数据，因此网络实际流量要大于应用层需要传输的数据量。例如要传输一个 1MB 的文件可能引起 3MB 的网络流量。

思考：在网络中间节点的网络设备上，数据是从下（底层）往上（高层）传输还是从上（高层）往下（底层）传输？

1.4.4   TCP/IP

OSI 模型是一种理论化的标准，标准的实现被称为协议。目前使用最广泛的协议是 TCP/IP，TCP/IP 实际上是一个协议系列，或称为协议簇，而 TCP 和 IP 是其中的两个最基本、最重要的子协议，因此，通常用 TCP/IP 来代表整个协议系列。对应 OSI 模型的层次结构，并且为了实现的简单性，TCP/IP 将 OSI 部分层次的功能合并，合并后共有 4 层：网络接口层、网络层、传输层和应用层，如图 1-12 所示。

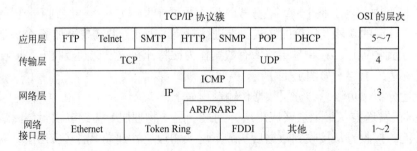

图 1-12   TCP/IP 协议簇及其与 OSI 模型的层次对应关系

TCP/IP 各层简要说明如下：

1. 网络接口层（Network Interface Layer）

对应 OSI 模型的物理层和数据链路层，主要实现物理寻址与比特流传输。目前使用较多的协议是 Ethernet（以太网）协议。

2. 网络层（Internet Layer）

对应 OSI 模型的网络层，主要实现路由选择、拥塞控制等。目前使用较多的协议是 IP。

3. 传输层（Transport Layer）

对应 OSI 模型的传输层，主要实现端到端的连接。目前使用较多的协议是 TCP 和 UDP。

4. 应用层（Application Layer）

对应 OSI 模型的上 3 层（应用层、会话层、表示层），主要实现各种网络服务。根据不同的应用功能有不同的应用层协议，目前使用较多的协议包括 HTTP、FTP、Telnet 协议、DHCP 等。

TCP/IP 协议簇中的主要协议如表 1-1 所示。

表 1-1　TCP/IP 协议簇主要协议

层　次	协　议	中　文　名　称	作　用
应用层	HTTP	超文本传输协议	实现 html 超文本传输
	FTP	文件传输协议	用于实现两台主机之间文件的传输
	Telnet	远程登录协议	远程登录并控制主机
	DNS	域名服务	提供从域名到 IP 地址的转换
	DHCP	动态主机分配	管理并动态分配 IP 地址
	SMTP	简单邮件传输协议	用于发送和传输邮件
	POP/POP3	邮局协议	用于接收邮件
传输层	TCP	传输控制协议	可靠的、面向连接的端到端传输
	UDP	用户数据报协议	不可靠的、无连接的端到端传输
网络层	IP	互联网协议	点到点的数据传输
	ICMP	互联网控制报文协议	用于传输差错及控制报文
	ARP	地址解析协议	将 IP 地址转换到物理地址
	RARP	逆向地址解析协议	将物理地址转换到 IP 地址
网络接口层	Ethernet	以太网协议	实现 CSMA/CD 和 Mac 寻址
	Token Ring	令牌环网协议	实现令牌环介质访问
	FDDI	光纤分布式接口协议	实现光纤分布式网
	PPP	点到点链路协议	点到点链路的数据传输
	SLIP	串行线路网际协议	Windows 远程访问的一种旧工业标准

1.5　应用案例

案例描述：

公司在工业园区盖了两栋楼（A 楼和 B 楼），即将搬迁，公司领导交给小朱一项任务：

设计合理的网络拓扑。已知 A 楼中有行政部（50 台计算机）、销售部（50 台计算机）、研发部（100 台计算机）以及一台服务器，B 楼中有生产部（500 台计算机）。

案例分析：

拓扑结构选择方面，如采用总线型结构，则数百台计算机使用同一总线，网络性能较差；如果采用环形拓扑，则安全性不高，任何一台主机发生故障都可能使一个网段出现故障；如果使用星形拓扑，则中心节点负担过重，且需要一个数百端口的交换机，而一般交换机上只用几十个端口；如果采用网状结构，又不便于管理且容易产生环路。

经过以上分析，应选择树形拓扑，其优点主要包括：

- 组网方便，可以分层组网；
- 中心交换设备可提高网络性能；
- 便于管理和维护。

解决方案：

小朱设计的拓扑图如图 1-13 所示。整个网络采用树形结构连接各网络设备和主机。

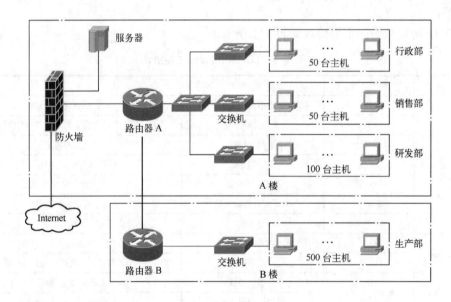

图 1-13　公司网络拓扑

1.6　本章小结

计算机网络主要由网络终端、网络设备、通信介质等组成。一般将计算机网络按照覆盖范围可分为局域网、城域网和广域网；按拓扑结构分为总线型拓扑、环形拓扑、星形拓扑、树形拓扑、网状拓扑、混合型拓扑等；按传输介质工作方式可分为共享介质网络和交换式网络。

计算机网络由于其功能的复杂性，需要按照其功能进行层次化的结构设计，不同层的功能相对独立，上下层之间留有接口。国际标准化组织为了将网络结构标准化以便于网络互连，定义了 OSI 七层模型。OSI 模型仅仅定义了模型和标准，并没有涉及具体的实现方式。而 TCP/IP 参考 OSI 模型，实现了各层的功能，并得到了广泛的应用，成为实际的工业标准。

习题

一、选择题

1. 所有终端共享传输链路和带宽的拓扑结构是（　　）。
   A．总线型拓扑　　B．环形拓扑　　　　C．星形拓扑　　　　D．网状拓扑

2. 树形拓扑结构是一种分层的（　　）。
   A．总线型拓扑　　B．环形拓扑　　　　C．星形拓扑　　　　D．网状拓扑

3. Internet 属于（　　）。
   A．总线型拓扑　　B．环形拓扑　　　　C．星形拓扑　　　　D．网状拓扑

4. 关于层的描述错误的是（　　）。
   A．同层间有接口　　　　　　　　　　B．上下层间有接口
   C．每一层有相对独立的功能　　　　　D．下层为上层提供服务

5. 下列关于 OSI 模型和 TCP/IP 说法错误的是（　　）。
   A．定义 OSI 模型和 TCP/IP 的目的都是为了实现网络的正常工作以及不同网络的互联
   B．OSI 模型定义了每一层应完成功能，TCP/IP 定义了每一层功能的实现方法
   C．OSI 模型相对抽象，TCP/IP 相对具体
   D．OSI 模型分成 4 层，TCP/IP 分成 7 层

6. 关于 OSI 分层数据传送机制说法错误的是（　　）。
   A．发送方数据从顶层到底层，接收方数据从底层到顶层
   B．发送方应用层发送的数据量和发送方物理层传输的数据量一致
   C．发送方应用层发送的数据量和接收方应用层接收的数据量一致
   D．只有物理层向接收方传输了数据，其余各层仅完成上下层之间的封装和解封装

7. 下列关于数据封装和解封装说法错误的是（　　）。
   A．发送方按照一定格式封装数据，接收方按照一定格式解封数据
   B．在分层体系中，数据从顶层到底层的过程中要被封装多次
   C．封装时，上层的数据成为下层的头部
   D．上层的一个数据包有可能被封装成下层的多个数据包

8. 数据包的头部中一般不包括（　　）。
   A．地址信息　　B．校验码　　C．数据包长度信息　　D．上层数据

9. TCP/IP 的应用层不包括 OSI 模型的（　　）。
   A．网络层　　　B．会话层　　C．表示层　　　　D．应用层

10. 选择 OSI 模型各层的主要功能：
    物理层（　　）、数据链路层（　　）、网络层（　　）、传输层（　　）、会话层（　　）、表示层（　　）、应用层（　　）。
    A．提供端到端的可靠或不可靠传输

B．实现人机接口，提供用户服务

C．提供物理地址寻址、差错控制等功能，实现点到点的成帧传输

D．定义信道的机械、电气、功能等特性，传输比特流

E．数据表示，压缩与解压缩，加密与解密等

F．路由选择，拥塞控制，网络互连

G．管理进程间的会话

二、简答题

1．计算机网络的组成包括哪几个部分？

2．什么是网络协议？为什么设计网络协议时要进行分层设计？

3．简述 OSI 模型和 TCP/IP 的联系和区别。

第 2 章 物 理 层

学习目标

1. 了解物理层的作用和数据通信模型；
2. 掌握常见网络通信介质及其特点；
3. 理解数字信号和模拟信号的区别，理解数据编码技术；
4. 了解数据传输相关技术。

建议实训

实训 1：双绞线制作
实训 2：串行通信技术

2.1 物理层概述

2.1.1 物理层的作用

物理层是计算机网络 OSI 模型中最低的一层，物理层的目的是为了在物理介质上传输信号，并尽可能使对方能够正确地接收信号。因此，物理层规定了为传输数据所需要的物理链路的创建、维持、拆除等规程，并提供具有相关介质和设备的机械特性、电气特性、功能特性和过程特性。

简单地说，物理层确保原始的数据可在各种物理媒体上传输。为数据传输提供可靠的环境。物理层并不仅仅指物理介质，而是包括了介质、信号以及传输技术（即如何在介质上传输信号）。

2.1.2 数据通信基本模型

数据通信系统的基本结构可以用一个简单的通信模型来表示。产生和发送信息的一端叫信源，接收信息的一端叫信宿。信源与信宿通过通信线路进行通信。在数据通信系统中，也将通信线路称为信道，如图 2-1 所示。

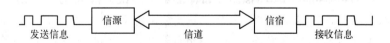

图 2-1　理想状态的通信模型

在理想状态下，数据从信源发出到信宿接收，不会出现问题，但实际的情况并非如此。由于实际数据通信系统的信道中存在干扰噪声，传送到信道上的信号在到达信宿之前可能会受干扰而出错，如图 2-2 所示。因此，为了保证在信源和信宿之间能够实现正确的信息传输与交换，除了使用一些克服干扰以及差错的检测和控制方法外，还要借助于其他各种通信技术来解决这个问题，如调制、编码、复用等，而对于不同的通信系统，所涉及的技术也有所不同。

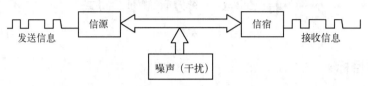

图 2-2　实际状态的通信模型

2.2　通信介质

通信介质是网络中信息传输的载体，其性能特点对传输速率、传输距离、传输可靠性、可连接的网络节点数目等都有很大的影响，必须根据不同的通信要求，合理地选择通信介质。

2.2.1　有线介质

1．双绞线

由若干对双绞线缆（一般为 4 对）及外包保护套组成。两根绝缘的金属导线扭在一起而成双绞线，线对扭在一起可减少相互间的电磁干扰，如图 2-3 所示。

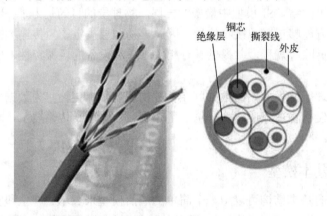

图 2-3　双绞线

双绞线分为 STP（Shielded Twisted Pair，屏蔽双绞线）和 UTP（UnShielded Twisted Pair，非屏蔽双绞线）。非屏蔽双绞线易弯曲易安装，价格较低，使用较为广泛，但非屏蔽双绞线中的传输信号可以被特殊设备截获；屏蔽双绞线在双绞线与外层绝缘封套之间有一个金属屏蔽层，屏蔽层可减少辐射，也可阻止外部电磁干扰的进入，因此在安全性要求更高的场合会使用屏蔽双绞线。

非屏蔽双绞线的有效传输距离一般为 100m。EIA（Electronic Industries Association，

电子工业协会）为双绞电缆定义了多种质量级别，目前常用的是超 5 类（CAT-5e）和 6 类（CAT-6）双绞线。其中超 5 类线传输速率为 100Mbit/s，常用于百兆位以太网；6 类线传输速率为 1000Mbit/s（4 对线中每对线可传输 250Mbit/s），常用于千兆位以太网。

思考：双绞线适用于楼宇内部的布线还是楼宇间的布线，为什么？

2. 光纤

光纤使用光脉冲形成的数字信号进行通信。有光脉冲相当于 1，没有光脉冲相当于 0。由于可见光的频率极高，因此其传输速率高，抗干扰能力强，信号衰减小，传输距离远。

根据光源不同，可将光纤分为单模光纤（Single Mode Fiber）和多模光纤（Multi Mode Fiber）。单模光纤中光线只沿光纤的内芯进行传输，如图 2-4a 所示，完全避免了模式色散，使得单模光纤的传输频带很宽，因而适用于大容量、长距离的光纤通信，其传输距离可达 100km。多模光纤中光线有多个模式在光纤中传输，如图 2-4b 所示，由于色散或像差，传输性能较差，频带较窄，传输距离一般小于 5km。

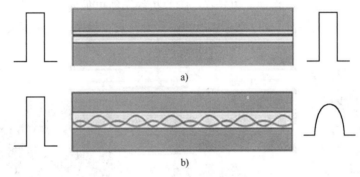

a)

b)

图 2-4 单模光纤和多模光纤

a) 单模光纤 b) 多模光纤

由于光纤细微且易折断，一般放置在光缆中使用。光缆由光纤芯、包层和护套层组成，如图 2-5 所示。根据光缆中光纤芯的数量分为单芯光缆和多芯光缆，图 2-5 所示的是多芯光缆。由于单芯光缆不能实现全双工（同时双向）传输，因此计算机网络中大多采用多芯光缆。

光缆终端一般使用光缆终端盒熔接并固定，如图 2-6 所示，将光缆固定，光缆终端盒的作用和我们日常生活中的墙壁电源插座类似，是一个固定装置并留有接口。在光缆终端盒中将光缆里的每一根光纤芯分别熔接和光纤尾纤（又称光纤跳线）相连。

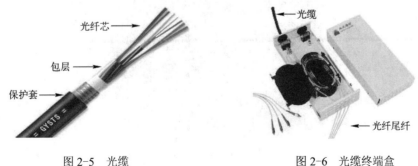

图 2-5 光缆　　　　　　　　　图 2-6 光缆终端盒

光纤一般用于数字信号的长距离传输，但由于计算机、交换机、路由器等设备和终端最终处理的是电信号，因此光纤接入电子设备时还需要进行光电转换，常见的光电转换设备包括光纤收发器、光模块、光纤网卡等。

（1）光纤收发器

光纤收发器价格便宜，使用方便，一般有一对光口和一个电口，可以实现光信号和电信号的相互转换，连接方式如图 2-7 所示。

图 2-7 光纤收发器连接示意图

图 2-8 所示的是一台常见的千兆位以太网光纤收发器，其左侧为光口，可插入光纤尾纤；右侧为电口，可插入双绞线；光口和电口之间的指示灯可以指示连接状态和传输速率。

（2）光模块

光模块（图 2-9）也可以实现光电转换，但光模块不能单独使用，必须插入支持光模块的设备，例如带光口的交换机，如图 2-10 所示。和光纤收发器相比，光模块+光交换的方案价格较高，但可以实现多路光电信号的转换和交换。

图 2-8 光纤收发器

图 2-9 光模块

图 2-10 带光口的交换机

（3）光纤网卡

随着光纤入户接入方式的推广，越来越多的光纤进入家庭和办公室。如需将光纤直接接入计算机终端，可以在计算机上安装光纤网卡取代双绞线网卡，如图 2-11 所示。

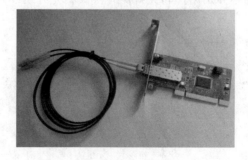

图 2-11 光纤网卡

3. 同轴电缆

同轴电缆由铜质导体、绝缘层、屏蔽层和保护塑料外层组成，如图 2-12 所示。这种结构中的金属屏蔽网可防止中心导体向外辐射电磁场，也可用来防止外界电磁场干扰中心导体的信号，因而具有很好的抗干扰特性。

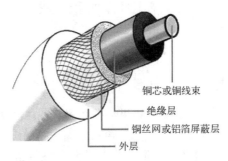

图 2-12 同轴电缆

同轴电缆按带宽分为两类：基带同轴电缆，用于直接传输离散变化的数字信号，阻抗为 50Ω；宽带同轴电缆，用于传输连续变化的模拟信号，阻抗为 75Ω。

早期同轴电缆曾广泛用于总线型局域网，但由于目前计算机网络多为星形结构，且相对于双绞线来说同轴电缆造价较高、安装较复杂，因此在计算机网络中已很少使用。目前同轴电缆主要用于有线电视、语音广播等单向总线型网络。

2.2.2 无线介质

无线介质包括微波、红外线、无线电和激光等，它们无需架设或铺埋通信介质，且允许终端设备在一定范围内移动。

1. 无线电波

大气中的电离层是具有离子和自由电子的导电层。无线电波通信就是利用地面的无线电波通过电离层的一次或多次反射，而到达接收端的一种远距离通信方式。无线电波广泛用于室内通信和室外通信。由于无线电波传播距离很远，并很容易穿过建筑物，而且可以全方向传播，使得无线电波的发射和接收装置不必要求精确对准。例如常见的 Wi-Fi、蓝牙、GPS 等都使用无线电波进行通信。

2. 红外线

红外线通信在发送端设有红外线发送器，接收端要有红外线接收器。红外线的频率在 300G～200 000GHz。使用红外线进行通信具有以下优点：收发信机体积小、重量轻、价格低，红外线的频率范围比较灵活，不受各个国家和地区输出的限制。缺点是距离较短且不允许有障碍物。例如遥控器一般都使用红外线进行传输。

3. 微波

微波是一种具有极高频率（通常为 300M～300GHz）、波长很短的电磁波。在微波频段，由于频率很高，电波的绕射能力弱，所以微波的信号传输一般限定在视线距离内的直线传播。微波具有传播较稳定，受外界干扰小等优点。但在传播过程中，难免受到影响而引起反射、折射、散射和吸收现象，产生传播衰减和传播失真。例如无线广播电视、军事雷达、卫星系统一般都使用微波进行通信。

4. 激光

激光通信是利用激光束调制成光脉冲来传输数据。激光通信只能传输数字信号，不能传输模拟信号。激光通信必须配置一对激光收发器，而且要安装在可视范围内。激光的频率比微波高，可以获得较高带宽，激光具有高度的方向性，因而难以窃听和被干扰。缺点在于激光源会发出少量射线污染环境，所以只有通过特许后才能安装。

2.3 信号及其编码

2.3.1 信息、数据和信号

信息（Information）是人们对现实世界事物存在方式或运动状态的某种认识。信息的表示形式多种多样，可以是数值、文字、图形、声音、图像和动画等，这些信息的表现形式通常被称为数据。所以数据可以定义为是把事物的某些属性规范化后的表现形式，它能被识别，也可以被描述，如十进制数、二进制数、字符、图像等。

数据（Data）的概念包括两个方面：其一，数据内容是事物特性的反映或描述；其二，数据以某种介质作为载体，即数据是存储在介质上的。显然，数据和信息的概念是相对的，甚至有时可以将两者等同起来。数据可以分为模拟数据和数字数据两种。模拟数据取连续值，如表示声音、图像、电压、电流等数据；数字数据取离散值，如自然数、字符文本的取值都是离散的。例如字母 A 的 ASCII 码是 01000001，这类文字编码属于数字数据。

信号（Signal）是数据的具体物理表现，具有确定的物理描述，如电压、磁场强度等。信号可以是模拟的，也可以是数字的。

1）模拟信号是在一定的数值范围内可以连续取值的信号，是一种连续变化的电信号，其取值可以是无限多的，如语音信号；这种信号可以按照不同频率在各种不同的介质上传输。模拟信号的特点是直观、容易实现，但保密性和抗干扰能力差。

2）数字信号是一种离散的脉冲序列，它取几个不连续的物理状态来代表数字，其取值是有限的。最简单的离散数字是二进制数字 0 和 1，它们分别由信号的两个物理状态（如低电平和高电平）来表示。利用数字信号传输的数据，在受到一定限度内的干扰后是可以被恢复的。

模拟信号和数字信号的波形图如图 2-13 所示。

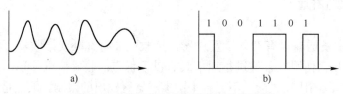

图 2-13 模拟信号和数字信号的波形图

a）模拟信号（连续）　b）数字信号（离散）

由于在计算机网络中传输的基本都是数字信号，因此本章主要介绍数字信号相关的编码技术和传输技术。模拟信号和数字信号的转换可以参考第 2.4.4 节。

2.3.2 数据编码技术

数据编码分为数字数据编码和模拟数据编码。其中使用较多的是数字数据编码。数字数据编码是指将不同数字信号（二进制中为 0 和 1）转换为不同的电信号的过程。

数字数据在传输之前需要进行数字编码。编码技术要考虑到编码的抗干扰性、易同步性、易纠错性等。常用的数字数据编码方式主要有不归零码、曼彻斯特编码和差分曼彻斯特编码 3 种。数字数据 011101001 采用这 3 种编码方式后，它的编码波形如图 2-14 所示。

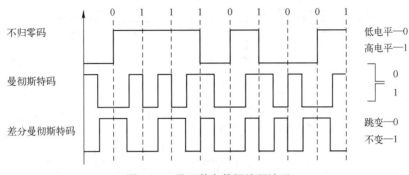

图 2-14　常见数字数据编码波形

1．不归零编码

不归零编码（Non-Return to Zero，NRZ）可以用负电平表示逻辑"1"，用正电平表示逻辑"0"，反之亦然。NRZ 编码的缺点是发送方和接收方不能保持同步，需采用其他方法才能保持收发同步。

2．曼彻斯特编码

曼彻斯特（Manchester）编码是目前应用最广泛的编码方法之一。其特点是每一位二进制信号的中间都有跳变，若从低电平跳变到高电平，就表示数字信号"1"；若从高电平跳变到低电平，就表示数字信号"0"。

曼彻斯特编码的优点是每一比特中间的跳变可以作为接收端的时钟信号，以保持接收端和发送端之间的同步。

3．差分曼彻斯特编码

差分曼彻斯特（Difference Manchester）编码是对曼彻斯特编码的改进。其特点是每一位二进制信号的跳变依然提供收、发端之间的同步，但每位二进制数据的取值根据其开始边界是否发生跳变来决定，若一比特开始处存在跳变则表示"0"，无跳变则表示"1"。

2.4　数据传输技术

2.4.1　信道通信方式

1．单工通信

单工方式指通信信道是单向信道，数据信号仅沿一个方向传输，发送方只能发送不能接收，接收方只能接收而不能发送，任何时候都不能改变信号传送方向，如图 2-15 所示。例如，无线电广播和电视都属于单工通信。

图 2-15　单工通信

2．半双工通信

半双工通信是指信号可以沿两个方向传送，但同一时刻一个信道只允许单方向传送，即两个方向的传输只能交替进行。当改变传输方向时，要通过开关装置进行切换，如图 2-16 所示。半双工信道适合于会话式通信，如公安系统使用的"对讲机"和军队使用的"步话机"。

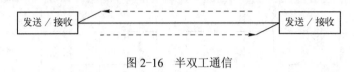

图 2-16　半双工通信

3．全双工通信

全双工通信是指数据可以同时沿相反的两个方向进行双向传输，如图 2-17 所示。例如电话机通话。

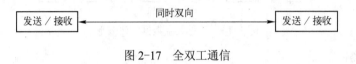

图 2-17　全双工通信

2.4.2　信道分类

根据数字信号信道每个时钟周期发送和接收的比特数量通常分为串行通信信道和并行通信信道。

1．串行通信信道

串行通信是指数据比特流以串行方式一位一位地在信道上传输的方式，每次传输一位。串行通信的优点是收、发双方只需要一条传输信道，易于实现，成本低；缺点是传输速率比较低。常见的串行信道包括计算机接口中的 USB 口、串口（Com 口）以及远程通信中的光纤等。

2．并行通信

并行通信是指数据比特流以成组的方式在并行信道上同时进行传输的方式，一次可以传输多位。并行通信的优点是速度快，缺点是发送端与接收端之间需要并行线路，费用高，适合于近距离和高速率的通信。常见的并行信道包括计算机内部的 PCI 总线、IDE 总线、计算机接口中的并口（LPT 口）等。

2.4.3　信道复用技术

信道多路复用指的是利用一个物理信道同时传输多个信号，以提高信道利用率，使一条线路能同时由多个用户使用而互不影响。多路复用器连接多条低速线路，并将它们的传输容量组合在一起之后，在一条速度较高的线路上传输。在长途通信中，一些高容量的同轴电缆、地面微波、卫星设施以及光缆可传输的频率带宽很宽，为了高效合理地利用资源，通常采用多路复用技术。

复用技术采用多路复用器将来自多个输入电路的数据组合调制成一路复用数据，并将此数据信号送上高容量的传输线路；多路复用器接收复用的数据流，依照信道分离还原为多路数据，并将它们送到适当的输出电路，如图 2-18 所示。

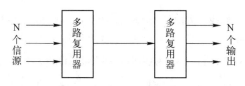

图 2-18 多路复用技术

目前主要有以下 4 种信道复用方式：频分多路复用（Frequency Division Multiplexing，FDM）、时分多路复用（Time Division Multiplexing，TDM）、波分多路复用（Wave-length Division Multiplexing，WDM）和码分多址（Coding Division Multiplexing Access，CDMA）。

1. 频分多路复用

频分多路复用就是将物理信道的总带宽分割成若干个与传输单个信号带宽相同或略宽一点的子信道，每一个子信道传输一路信号。多路的原始信号在频分复用前，首先要通过频谱搬移技术，将各路信号的频谱搬移到物理信道频谱的不同段上，这可以通过频率调制时采用不同的载波来实现。

频分多路复用的典型例子有许多。例如，无线电广播、无线电视中将多个电台或电视台的多组节目对应的声音、图像信号分别载在不同频率的无线电波上，同时在同一无线空间中传播，接收者根据需要接收特定频率的信号来收听或收看。

2. 时分多路复用

时分多路复用是按传输信号的时间进行分割的。它使不同的信号在不同时间内传送，即将整个传输时间分为许多时间片，又称为时隙，每个时间片被一路信号占用。电路上的每一短暂时刻只有一路信号存在。因为数字信号是有限个离散值，所以时分多路复用技术广泛应用于包括计算机网络在内的数字通信系统，而模拟通信系统的传输一般采用频分多路复用。

3. 波分多路复用

波分多路复用技术是在一根光纤中能同时传播多个波长不同的光载波复用技术。通过波分多路复用可以使原来只能传输一个光载波的单一光信道，变为可传输多个不同波长光载波的光信道，使光纤的传输能力成倍增加。波分多路复用的原理如图 2-19 所示，在发送端将不同波长的光信号组合起来，复用到一根光纤上，在接收端又将组合的光信号分开（解复用），并送入不同的终端。

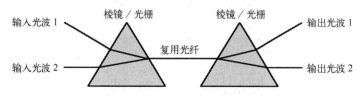

图 2-19 波分多路复用原理

波分多路复用是频分多路复用在光信号信道上的一种变种。其原理是类似的，只不过波分多路复用应用于光信号，频分多路复用应用于电信号。

4. 码分多址

码分多址为每个用户分配各自特定地址码。地址码之间具有相互准正交性，各个码型互不重叠，通信各方之间不会相互干扰，且抗干扰能力强。每个用户可在同一时间使用同样的频带进行通信，并且把其他使用者发出的信号视为杂讯。

码分多址技术主要用于无线移动通信系统，不仅可以提高通信的话音质量、数据传输的可靠性和减少干扰对通信的影响，而且可以增大通信系统的容量。第三代数字无线通信系统（简称 3G）的三大标准 WCDMA、CDMA2000、TD-SCDMA 均基于码分多址技术，中国联通、中国电信、中国移动分别采用以上标准建立了 3 个覆盖全国的 3G 无线通信网络，目前仍处于商业运营中。

2.4.4 数据调制技术

在发送端将数字信号变换成模拟信号的过程称为调制（Modulation），调制设备就称为调制器（Modulator）。

在接收端将模拟信号还原成数字信号的过程称为解调（Demodulation），解调设备就称为解调器（Demodulator）。

若进行数据通信的发送端和接收端以双工方式进行通信时，就需要一个同时具备调制和解调功能的设备，称为调制解调器（Modem），这一过程如图 2-20 所示。

图 2-20 计算机通过调制解调器进行通信

由于模拟信号是具有一定频率的连续的载波波形，可以用 $A\cos(2ft+\phi)$ 表示，其中 A 表示波形的幅度，f 代表波形的频率，t 表示时间，ϕ 代表波形的相位。因此，根据这 4 个不同参数的变化，就可以表示特定的数字信号 0 或 1，实现调制的过程。

根据上述的载波波形函数，常用的数字数据调制的方法有幅移键控（ASK）、频移键控（FSK）和相移键控（PSK）3 种。在图 2-21 中，显示了对数字数据"00110100010"使用不同调制方法后的波形。

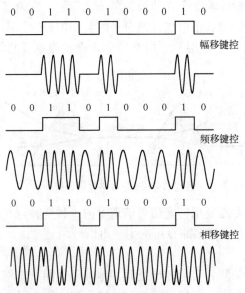

图 2-21 对数字数据使用不同调制方法后的波形

1. 幅移键控

幅移键控（Amplitude Shift Keying，ASK，又称为调幅）是通过改变载波信号的幅度值来表示数字信号"1""0"的，用载波幅度 $A1$ 表示数字信号"1"，用载波幅度 $A2$ 表示数字信号"0"（通常 $A1$ 取 1， $A2$ 取 0），而载波信号的参数 f 和 ϕ 恒定。

2. 频移键控

频移键控（Frequency Shift Keying，FSK，又称为调频）是通过改变载波信号频率的方法来表示数字信号"1""0"的，用 $f1$ 表示数字信号"1"，用 $f2$ 表示数字信号"0"，而载波信号的 A 和 ϕ 不变。

3. 相移键控

相移键控（Phase Shift Keying，PSK，又称为调相）是通过改变载波信号的相位值（ϕ）来表示数字信号"1""0"的，而载波信号的 A 和 f 不变。PSK 包括绝对调相和相对调相两种类型。

- 绝对调相：绝对调相使用相位的绝对值，ϕ 为 0 表示数字信号"1"，ϕ 为 π 表示数字信号"0"；
- 相对调相：相对调相使用相位的偏移值，当数字数据为 0 时，相位不变化，而数字数据为 1 时，相位要偏移 π。

2.4.5 差错控制技术

1. 差错的产生

根据数据通信系统的模型，当数据从信源端发出后，经过通信信道传输时，由于信道内存在一些噪声干扰，当数据到达信宿端后，接收的信号实际上是数据信号和噪声信号的叠加。接收端在取样时钟作用下接收数据，并根据阈值电平判断信号电平。如果噪声对信号的影响非常大，就会造成数据的传输错误，如图 2-22 所示。

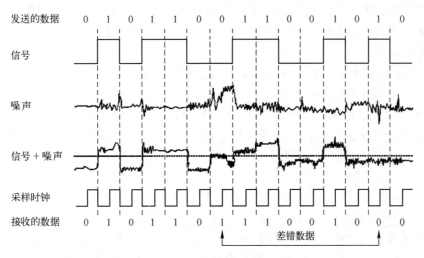

图 2-22　差错的产生过程

通信信道中的噪声分为热噪声和冲击噪声。热噪声是由传输导体的电子热运动产生的，其主要特点是：时刻存在，幅度小，干扰强度与频率无关，频谱很宽。热噪声属于随机噪声，由它引起的差错属于一种随机差错。冲击噪声是由外界电磁干扰引起的，其主要特点是：冲击噪声的幅度较大，持续时间与数据传输中每比特的发送时间相比可能较长。冲击噪声引起的相邻多个数据位出错呈突发性，由它引起的传输差错称为突发差错。

2．差错的控制

目前，差错控制常采用冗余编码来检测和纠正信息传输中产生的错误，即在发送端把要发送的有效数据和使用某种规则产生的冗余码一起发送，当信息到达接收端后，再按照相应的校验规则检验收到的信息是否正确。

冗余编码分为差错检测编码和差错纠错编码两类：

● 差错检测编码可以检测出编码是否发生错误，但不能纠正错误（此时可以要求发送方重新发送），常用的差错检测编码有奇偶校验码、水平垂直奇偶校验码、循环冗余码等。

● 差错纠错编码可以检测并纠正发生的错误，常用的差错纠错编码有汉明码和卷积码等。

下面仅对奇偶校验码和循环冗余码的使用进行简单介绍。

（1）奇偶校验码

奇偶校验码是一种通过增加冗余位使得码字中"1"的个数恒为奇数或偶数的编码方法。采用奇偶校验码时，在数据传输之前，先检测并计算出数据位中"1"的个数（奇数或偶数），并根据使用的是奇校验还是偶校验来确定奇偶校验位，然后将其附加在数据位之后进行传输。当接收端接收到数据后，重新计算数据位中包含"1"的个数，再通过奇偶校验就可以判断出数据是否出错。

举例来说，假设要传输的数据为01001011101，若采用奇校验，由于目前数据中 1 的个数为 6（偶数），所以校验位为 1，使 1 的个数为奇数个，将数据和校验位 010010111011 一起发送。若在数据传输过程中发生差错，其中某一位由 0 变为 1 或者由 1 变为 0，那么 1 的个数就变为偶数个，从而发现错误产生。

奇偶校验码比较简单，被广泛应用于异步通信中。另外，奇偶校验码只能检测单个比特出错的情况，而当两个或两个以上的比特出错时，它就无能为力了。

（2）循环冗余码

循环冗余码（Cyclic Redundancy Code，CRC）是一种较为复杂的检验方法，采用多项式编码方法，被处理的数据块可以看作是一个高阶二进制多项式，例如 1010111 对应的多项式为 $x^6+x^4+x^2+x+1$。采用 CRC 校验时，发送方和接收方用同一个生成多项式 $g(x)$，并且 $g(x)$ 的首位和最后一位的系数必须为 1，发送方以 $g(x)$ 去除原始数据，得到余数作为 CRC 校验码和原始数据一起发送。校验时，以计算的校正结果是否为 0 为依据，判断数据帧是否出错。

例如，假设要传输的数据为 11100011，生成多项式 $g(x)=x^5+x^4+x+1$（即 110011），因为最高次幂是 5，所以在原始数据后补 5 个 0，变为 1110001100000。用 1110001100000 除以 110011，余数为 11010，即为所求的冗余位。因此发送出去的 CRC 数据为原始数据 11100011 末尾加上冗余位 11010，即 1110001111010。接收端收到 CRC 数据后，采用同样的方法验证，即将 CRC 数据除以 $g(x)$，发现余数是 0，则认为数据在传输过程中没有出错。

如果生成多项式 $g(x)$ 选择得当，则 CRC 是一种很有效的差错校验方法。理论上可以证明循环冗余校验码的检错能力有以下特点：

● 可检测出所有奇数个错误；

● 可检测出所有双比特的错误；

- 可检测出所有小于等于校验位长度的连续错误；
- 可以相当大的概率检测出大于校验位长度的连续错误。

2.4.6 数据通信技术指标

1．数据通信速率（传输速率）

传输速率是指数据在信道中传输的速度，它分为码元速率和信息速率两种。

码元速率（R_B）：每秒钟传送的码元数，单位为波特/秒（Baud/s），又称为波特率。在数字通信系统中，由于数字信号是用离散值表示的，因此，每一个离散值就是一个码元。

信息速率（R_b）：每秒钟传送的信息量，单位为比特/秒（bit/s 或 bps），又称为比特率。对于一个用二进制表示的信号（2 级电平），每个码元包含 1 比特信息，其信息速率与码元速率相等；对于一个用四进制表示的信号（4 级电平），每个码元包含了两比特信息，因此其信息速率应该是码元速率的两倍。

一般来说，对于采用 M 进制信号传输信号时，信息速率和码元速率之间的关系是：

$$R_b = R_B \log_2 M$$

2．误码率和误比特率

误码率是指码元在传输过程中，错误码元占总传输码元的概率。在二进制传输中，误码率也称为误比特率。

误码率 P_e=传输出错的码元数/传输的总码元数

误比特率 P_b=传输出错的比特数/传输的总比特数

在理解误码率定义时应注意：对于一个实际的数据传输系统，不能笼统地要求误码率越低越好，要根据实际传输要求提出误码率指标。对于同一信道，误码率要求越低，数据传输系统设备越复杂，造价越高。例如电话线路在 300～2400bit/s 传输速率时，平均误码率在 10^{-2}～10^{-6}；在 4800～9600bit/s 传输速率时，平均误码率在 10^{-2}～10^{-4}。而计算机通信的平均误码率要求低于 10^{-9}。普通通信信道如不采取差错控制技术是不能满足计算机通信要求的。

3．信道带宽与信道容量

信道带宽是指信道中传输的信号在不失真的情况下所占用的频率范围，单位用赫兹（Hz）表示。信道带宽是由信道的物理特性所决定的。例如，电话线路的频率范围在 300～3400Hz，它的带宽范围也在 300～3400Hz。

信道容量是衡量一个信道传输数字信号的重要参数。信道容量是指单位时间内信道上所能传输的最大比特数，用比特率（bit/s）表示。通常，信道容量和信道带宽具有正比关系，带宽越大，容量越高，所以要提高信号的传输率，信道就要有足够的带宽。从理论上看，增加信道带宽是可以增加信道容量的，但实际上信道带宽的无限增加并不能使信道容量无限增加，因为在实际使用中，信道中存在噪声或干扰，制约了带宽的增加。

4．频带利用率

在比较不同的通信系统的效率时，只看它们的传输速率是不够的，还要看传输过程所占用的频带，所以真正用来衡量数据通信系统信息传输效率的指标应该是单位频带内的传输速率，记为 η：

频带利用率 η=传输速率/占用频带带宽

公式中的单位为比特/秒·赫兹（bit/s·Hz）。例如某数据通信系统，其比特率为 9600bit/s，占用频带为 6kHz，则其频带利用率 η=1.6（bit/s·Hz）。

2.5 应用案例

案例描述：

公司在工业园区盖了两栋楼（A 楼和 B 楼），即将搬迁，已知网络拓扑如图 2-23 所示，公司领导交给小朱一项任务：选择合适的通信介质组成局域网并接入 Internet。

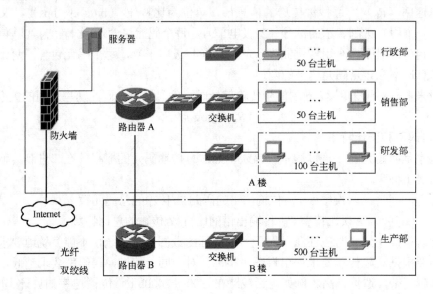

图 2-23 公司网络拓扑

案例分析：

目前的星形/树形局域网主要采用光纤和双绞线。双绞线成本较低且安装简单，但由于非屏蔽双绞线的传输距离只有 100m，因此当网络设备间距离大于 100m 时，应使用光纤；并且双绞线也不能进入地下管井，因为当被水长时间浸泡后，双绞线中的金属材质会被水腐蚀，而光纤则可以进入地下管井。

解决方案：

整个网络采用树形结构连接各网络设备和主机。传输介质选择如下：

1）由于路由器 A 和路由器 B 之间距离超过 100m 且线路需要经过地下管井，因此采用光纤连接。

2）防火墙出口采用运营商提供的光纤专线接入 Internet。

3）其余线路在楼宇内部且距离小于 100m，采用超 5 类非屏蔽双绞线。

2.6 本章小结

物理层定义传输介质以及信号如何在介质上进行传输。常见的有线传输介质包括双绞线、光纤、同轴电缆，常见的无线传输介质包括无线电波、红外线、微波、激光。在信号传输到信道之前，需要经过编码、调制等过程；信道在传输信号时，往往需要在一个信道上传输多路信号，因此又需要使用多路复用技术；此外为了保证信号传输的正确性，还需要使用差错控制技术进行数据的校验。

习题

一、选择题

1. 非屏蔽双绞线的传输距离约为（　　　）。

    A. 10m   B. 50m   C. 100m   D. 1000m

2. 和非屏蔽双绞线相比，屏蔽双绞线的优点是（　　　）。

    A. 价格便宜   B. 抗干扰性强   C. 易弯曲易安装   D. 传输速率高

3. 不可以实现光电转换的设备是（　　　）。

    A. 光纤收发器   B. 光纤终端盒   C. 光模块   D. 光纤网卡

4. 下列通信介质中，传输速率最高的是（　　　）。

    A. 双绞线   B. 同轴电缆   C. 光纤   D. 无线电波

5. 音响系统中的音频线采用（　　　）通信方式。

    A. 单工   B. 半双工   C. 双工   D. 其他

6. 数字数据编码的作用不包括（　　　）。

    A. 将 0、1 用不同的信号表示   B. 减少信道中的干扰

    C. 使接收方能识别不同的信号并同步   D. 防止数据在传输过程被窃听

7. 实现数字信号和模拟信号互相转换的设备是（　　　）。

    A. 信源   B. 编/解码器   C. 调制解调器   D. 报文交换设备

8. 调频收音机可以在无线电波中同时传输多个电台信号，采用的是（　　　）技术。

    A. 频分多路复用   B. 时分多路复用   C. 波分多路复用   D. 码分多址

9. 二进制信号串 01100010 的偶校验码为（　　　）。

    A. 0   B. 1   C. 2   D. 3

10. 某声音传输系统每秒传输 100 个声音信号码元，传输声音码元的电平分为 256 级，则该系统的数据传输率为（　　　）bit/s。

    A. 100   B. 356   C. 800   D. 25600

二、简答题

1. 常用的有线通信介质和无线通信介质有哪些？

2. 模拟信号和数字信号有什么区别？

3. 什么是串行通信和并行通信？试举例说明。

4. 数据调制的作用是什么？常用的数据调制方法有哪些？

5. 常用的多路复用技术有哪些？

第3章　数据链路层

学习目标

1. 理解数据链路层的功能、实现及主要协议;
2. 了解以太网的产生、发展和分类;
3. 掌握以太网 Mac 地址的概念和以太网帧格式;
4. 了解局域网标准和介质访问控制方式;
5. 掌握局域网主要设备(中继器、集线器、交换机)的工作原理。

建议实训

实训 3: 对等网络配置及网络资源共享
实训 4: ARP
实训 5: 数据链路层数据抓包分析
实训 6: 交换机组网及基本配置

3.1　数据链路层概述

3.1.1　数据链路层功能

数据链路层的主要功能是实现网络上两个相邻节点之间的无差错传输。它将物理层传输的原始比特流按照一定格式封转成帧,能够检测并校正物理层的传输差错,在相邻节点之间构成一条无差错的链路。

数据在物理传输过程中可能发生错误,例如发送端发送了 0100,而接收端收到了 0101,由于物理层不能识别所传输的比特流的含义,因此不可能识别判断数据在传输过程中是否发生错误,更不能采取补救措施。而数据链路层将比特流按照一定的格式组织起来,使数据具有了一定的含义,因此可以实现差错控制、流量控制、物理地址寻址等功能。

3.1.2　数据链路层实现——帧

为了实现差错控制、流量控制、物理地址寻址等一系列功能,数据链路层采用了被称为帧(frame)的协议数据单元作为数据链路层的数据传送逻辑单元,即数据链路层将数据一帧一帧的传输,而不是像物理层那样按位传输。尽管不同的数据链路层协议的帧格式存在一定差异,但基本格式大同小异。图 3-1 给出了帧的基本格式,帧中的每个有特定含义的部分被称为字段(field)。

| 开始同步位 | 地址 | 类型／长度 | 数据 | 校验码 | 结束同步位 |

帧头　　　　　　　　　　　　　　　　　帧尾

图 3-1　帧基本格式

该格式中各字段基本功能如下。

1）开始同步位：用于指示帧或数据流的开始。

2）地址：地址字段给出节点的物理地址信息，物理地址可以是局域网网卡地址，也可以是广域网中的数据链路标识，地址字段用于设备或机器的物理寻址。

3）类型/长度：提供有关帧的长度或类型的信息，也可以是其他一些控制信息。

4）数据：来自上层即网络层的数据。

5）校验码：提供校验码等差错检测有关的信息。

6）结束同步位：用于指示帧或数据流的结束。

通常数据字段之前的所有字段被统称为帧的头部，而数据字段之后的所有字段被称为帧尾部分。

引入帧机制不仅可以实现相邻节点之间的可靠传输，还有助于提高数据传输的效率。例如，若发现接收到的某一个或几个比特出错时，可以只对相应的帧进行特殊处理（如请求重发等），而不需要对其他未出错的帧进行这种处理；如果发现某一帧丢失，也只要请求发送方重传所丢失的帧，从而大大提高了数据处理和传输的效率。

按照分层数据传输机制（参见第 1.4.3 节），发送方的数据链路层必须提供从网络层接收的分组封装成帧的功能，即为来自上层的分组加上必要的帧头和帧尾部分，通常称此为成帧（Framing）；而接收方数据链路层则必须提供将帧重新拆装成分组的拆帧功能，即去掉发送端数据链路层所加的帧头和帧尾部分，从中分离出网络层所需的分组。在成帧过程中，如果上层的分组大小超出下层帧的大小限制，则上层的分组还要被划分成若干个帧才能被传输。

3.1.3　数据链路层协议

数据链路层的主要协议有如下几种。

1. Ethernet 协议

Ethernet（以太网）协议是使用最为广泛的数据链路层协议。由 Xerox（施乐）公司创建并由 Xerox、Intel 和 DEC 公司联合开发的基带局域网规范，是当今局域网采用的最通用的通信协议标准。以太网络使用 CSMA/CD（载波监听多路访问及冲突检测）技术，并可以运行在多种类型的电缆上。IEEE 将以太网定义为 IEEE 802.3 标准，包括标准以太网（10Mbit/s）、快速以太网（100Mbit/s）、千兆位以太网（1000Mbit/s）和万兆以太网（10Gbit/s），其中标准以太网和快速以太网主要传输介质为双绞线和同轴电缆，主要适用于局域网；千兆位以太网和万兆位以太网传输介质主要为光纤，既可以用于局域网也可以用于广域网。

2. PPP

PPP（Point-to-Point，点对点）是一种点对点式的通信协议，由 SLIP 改良而成，适用于点到点链路中的两端设备连接和通信。PPP 协议主要用于早期的电话拨号上网，用户使用调制解调器（Modem）通过电话线拨号接入远端设备后，可以在物理线路上建立一条虚电路，使个人计算机成为网络上的一个节点。

目前在家庭宽带中常使用 PPPoE（PPP over Ethernet，以太网的点对点协议，如图 3-2 所示)，它是以太网协议和点对点协议的结合。利用以太网将大量主机组成局域网，通过局域网集中器拨号到远端接入设备连入 Ethernet，并对接入的每一个主机实现安全控制、认证计费等功能。PPPoE 相对 PPP 的优点如下。

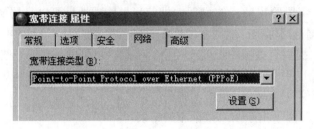

图 3-2　家庭宽带使用的 PPPoE

1）避免每个主机都要配备一台调制解调器，只需一个局域网（一栋楼或一个小区）配一台调制解调器即可。

2）可以集中管理安全控制、认证计费等功能，性价比较高。

3．HDLC 协议

HDLC（High-level Data Link Control，高级数据链路控制）协议是国际标准化组织 ISO 制定的数据链路层协议。这是一种面向比特的协议，支持全双工通信，采用位填充的成帧技术，以滑动窗口协议进行流量控制。

HDLC 帧格式如图 3-3 所示。

01111110	地址	控制	数据	校验码	01111110

图 3-3　HDLC 帧格式

其中，帧头和帧尾的位模式串"01111110"为帧的开始和结束标记。

地址字段（Address）由 8 位组成。对于命令帧，存放接收站的目的地址；对于响应帧，存放发送响应帧的源地址。

控制字段（Control）由 8 位组成，它标志了 HDLC 的 3 种类型帧：信息（Information）帧、监控（Supervisory）帧和无序号（Unnumbered）帧。

数据字段（Data）长度为任意字节，来源于上一层传递的数据。

校验码字段采用 16 位的 CRC 校验，校验的内容包括地址字段、控制字段和数据字段。

4．FR

FR（Frame Relay，帧中继）是一种分组交换网（参见第 2.3.2 节），是随着光纤的普及使用而发展起来的，是一种广泛使用的广域网技术。目前帧中继的主要应用之一是局域网互连，特别是在局域网通过广域网进行互连时，使用帧中继更能体现它的低网络时延、低设备费用、高带宽利用率等优点。

帧中继的主要特点是：使用光纤作为传输介质，因此误码率极低，没有差错校验机制，减少了进行差错校验的开销，提高了网络的吞吐量；帧中继是一种分组交换网，在使用复用技术时，其传输速率可高达 44.6Mbit/s。很多电信运营商都提供了帧中继服务。

5．ATM

ATM（Asynchronous Transfer Mode，异步传输模式）是以信源为基础的一种分组交换和复用技术，适用于局域网和广域网，具有高数据传输率，支持声音、数据、传真、实时视频通信等多种类型的数据传输。其标准传输速率一般为 155Mbit/s 和 622Mbit/s。

ATM 的传送单元是固定长度 53 字节的信源，其中前 5 字节为信源头部，用来承载该信源的控制信息，包含了选择路由用的 VPI（虚通道标识符）/VCI（虚通路标示符）信息；后 48 字节为信源体，用来承载要传输的数据。

ATM 采用面向连接的传输方式，通过虚电路连接进行交换，它需要在通信双方向建立连接，通信结束后再由信令拆除连接。但它摒弃了电路交换中采用的同步时分复用，改用异步时分复用，收发双方的时钟可以不同，从而可以更有效地利用带宽。

ATM 集交换、复用、虚电路为一体，具有电路交换和分组交换的双重性和各自的优点，降低了网络时延，提高了交换速度，因此在高速专用网（如军事机构网、金融机构网等）中得到了广泛的使用。

3.2　以太网协议

3.2.1　以太网的产生、发展及分类

在数据链路层使用较多的是以太网协议。以太网诞生后，凭借其低廉的价格、易组网性、灵活的组网方式以及较好的传输性能，逐渐击败了 FDDI（光纤分布数据接口）网、Token Ring（令牌环）网等竞争对手，在局域网中占据了统治性的市场份额。

以太网的发展从最初的 10Mbit/s 以太网发展到目前最高速率的 10Gbit/s 以太网，其网络速率、网络拓扑结构、传输介质都有多种类型，在 IEEE 802.3 标准中，对以太网进行了定义和分类，目前主要的以太网种类如下。

1．标准以太网（Ethernet）

早期的 10Mbit/s 以太网称之为标准以太网或传统以太网。标准以太网可以使用粗同轴电缆、细同轴电缆、非屏蔽双绞线、屏蔽双绞线和光纤等多种传输介质进行连接，在 IEEE 802.3 标准中，为不同的传输介质制定了不同的物理层标准，如表 3-1 所示。

表 3-1　标准以太网 IEEE 802.3 分类标准

	10Base-5	10Base-2	10Base-T	10Base-F
传输介质	基带同轴电缆	基带同轴电缆	非屏蔽双绞线	850nm 光纤
编码技术	曼彻斯特码			
拓扑结构	总线型	总线型	星形/树形	星形/树形
最大段长/m	500	185	100	2000

该分类标准的命名表示方法为：

[数据传输速率（Mbit/s）][信号方式]-[最大传输距离（百米）或者传输介质]

例如，"10Base-5"中"10"表示传输速率为 10Mbit/s，"Base"表示基带传输，"5"表示最大段长为 500m；"10Base-T"中"T"表示双绞线，"10Base-F"中"F"表示光纤。

2．快速以太网（Fast Ethernet）

随着网络的发展，传统标准的以太网技术已难以满足日益增长的网络数据流量速度需求。1993 年 10 月，Grand Junction 公司推出了世界上第一台快速以太网集线器 Fastch10/100 和网络接口卡 FastNIC100，快速以太网技术正式得以应用与此同时，IEEE802 工程组于 1995 年 3 月宣布了 IEEE 802.3u 快速以太网标准。

目前常用的快速以太网标准如表 3-2 所示。

表 3-2　快速以太网 IEEE 802.3 分类标准

	100Base-T4	100Base-TX	100Base-FX
传输介质	3/4/5 类非屏蔽双绞线	5 类非屏蔽双绞线	单模（62.5um）/多模（125um）光纤
编码技术	8B/6T	4B/5B	4B/5B
拓扑结构	星形/树形		
线缆对数	4 对	2 对	1 对
最大段长/m	100	100	2000

由于快速以太网是从标准以太网发展而来，并且保留了 IEEE 802.3 的帧格式，所以 10Mbit/s 标准以太网可以平滑地过渡到 100Mbit/s 快速以太网。目前快速以太网中使用最多的标准是 100Base-TX。

3．千兆位以太网（Gigabit Ethernet）

随着多媒体技术、高性能分布计算和视频应用等的不断发展，用户对局域网的带宽提出了越来越高的要求；同时，100Mbit/s 快速以太网也要求在主干网、服务器一级要有更高的带宽。在这种需求背景下人们开始酝酿速度更高的以太网技术。1996 年 3 月 IEEE 802 委员会成立了工作组负责千兆位以太网及其标准，并于在 1998 年 6 月正式公布关于千兆位以太网的标准。

千兆位以太网标准是对以太网技术的再次扩展，其数据传输率为 1000Mbit/s，即 1Gbit/s，因此也称吉比特以太网。千兆位以太网基本保留了原有以太网的帧结构、全/半双工工作方式、流控模式，所以和标准以太网、快速以太网完全兼容。其最大优点是继承了传统以太网价格便宜的优点，从而使原有标准以太网、快速以太网可以方便地升级到千兆位以太网。

此外，千兆位以太网标准将支持最大距离为 550m 的多模光纤、最大距离为 70km 的单模光纤和最大距离为 100m 的同轴电缆，从而使其可以既可以应用于局域网，也可以应用于城域网及广域网。目前常用的千兆位以太网标准如表 3-3 所示。

表 3-3　千兆位以太网 IEEE 802.3 分类标准

	1000BASE-SX	1000BASE-LX	1000BASE-T	1000BASE-CX
传输介质	多模光纤	单模光纤	5 类非屏蔽双绞线	屏蔽双绞线
编码技术	8B/10B	8B/10B	4B/5B	8B/10B

	1000BASE-SX	1000BASE-LX	1000BASE-T	1000BASE-CX
拓扑结构	星形/树形			
线缆对数	1 对	1 对	4 对	4 对
最大段长/m	550	70000	100	25

千兆位以太网目前主要被用于局域网中的骨干网以及城域网，从传输距离长短可以看出各类千兆位以太网的用途，一般城域网可以采用 1000BASE-LX，园区或楼宇内部可以使用 1000BASE-SX 或 1000BASE-T，机房内部可以使用 1000BASE-CX。

4．万兆位以太网（10Gigabit Ethernet）

为了将以太网技术更好地应用于局域网和广域网，IEEE 于 1999 年底成立了 IEEE 802.3ae 工作组进行万兆位以太网技术的研究，并于 2002 年正式发布 IEEE 802.3ae 标准。万兆位以太网不仅再度扩展了以太网的带宽和传输距离，更重要的是使得以太网从局域网领域向广域网领域渗透。万兆位以太网的 IEEE 802.3ae 标准在物理层只支持光纤作为传输介质，目前我国很多综合性大学校园网的骨干网就采用了万兆位以太网技术。

思考：小明的计算机在宿舍中使用一根双绞线上网，查看本地连接状态如图 3-4 所示，显示速度为 100Mbit/s，请问小明的计算机使用的是哪种以太网？小明使用宽带助手测了一下网速，如图 3-5 所示，并没有达到 100Mbit/s，请问是为什么？

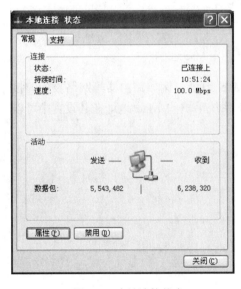

图 3-4 本地连接状态

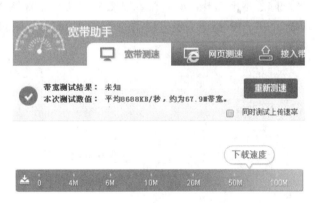

图 3-5 宽带测速结果

3.2.2 Mac 地址

Mac（Media access control，介质访问控制）地址是以太网中的物理地址（Physical Address），是烧录在网卡等网络组件芯片里的硬件地址，长度为 48bit。一般用十六进制表示，例如 48 位二进制 110101000010100010100100100011101001100101001011，用十六进制表示为 D428A48E994B，相应的 Mac 地址写为 D428.A48E.994B 或 D4-28-A4-8E-99-4B。

Mac 地址的 48 位分为两部分，其中 0～23 位为组织标志符，代表网卡或其芯片生产厂商，24～47 位是由厂商自己分配。例如 Mac 地址 00-90-27-99-11-cc，其中前 6 个十六进制（即二进制的 0～23 位）00-90-27 表示该网卡由 Intel 公司生产，相应的网卡序列号为 99-11-cc（24～47 位）。

Mac 地址就如同我们身份证上的身份证号码，具有全球唯一性。世界上任何两块网卡的 Mac 地址都是不一样的。因此在数据链路层通过 Mac 地址来识别主机。（为什么不是物理层呢？因为物理层只能识别比特流，即什么信号代表 0、什么信号代表 1，物理层并不解释若干 0 或 1 组合在一起的含义）。

在 UNIX/Linux 主机上可以通过 ipconfig 命令查看网卡的 Mac 地址，在 Windows 主机上可以通过 ipconfig/all 命令查看网卡的 Mac 地址，如图 3-6 所示。

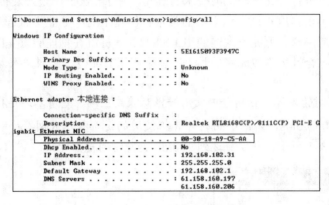

图 3-6　通过 ipconfig/all 命令查看网卡 Mac 地址

除了网卡以外，所有接入以太网的硬件都需要 Mac 地址。例如路由器等网络设备的接口、手机、IP 摄像头也有自己的 Mac 地址，Android 系统手机的 Mac 地址在其设置中可以找到，如图 3-7 所示。

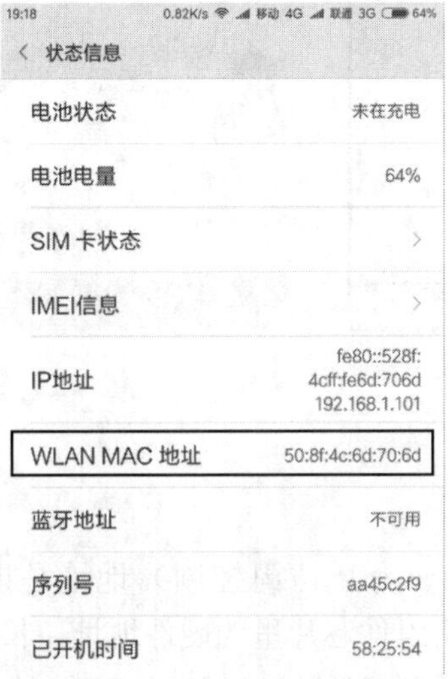

图 3-7　查看手机 Mac 地址

3.2.3　以太网帧格式

以太网帧格式如图 3-8 所示。

目的 Mac 地址 6B	源 Mac 地址 6B	类型 2B	数据 46B ～ 1500B	校验码 4B

图 3-8　以太网帧格式

各字段含义如下。

1）目的 Mac 地址：下一跳的 Mac 地址，帧每经过一跳（即每经过一台网络设备如交换机）该地址会被替换，直到最后一跳被替换为接收端的 Mac 地址。

2）源 Mac 地址：发送端 Mac 地址。

3）类型：用来指出以太网帧内所含的上层协议。例如，如果上层是 IP，该字段值是 0x0800；如果上层是 ARP，以太类型字段的值是 0x0806。

4）数据：从上层或下层传来的有效数据，如果少于 46 个字节，必须增补到 46 个字节。

5）校验码：CRC 校验码，校验数据在传输过程中是否出错。

从以太网帧格式可以看出，Mac 地址在以太网中起了很重要的角色，以太网的寻址过程主要通过 Mac 地址实现。

3.3　局域网

3.3.1　局域网产生与发展

LAN（Local Area Network，局域网）是指分布在较小地理范围内的网络。公司、企业、住宅小区等的计算机都可以通过 LAN 连接起来，以达到资源共享、信息传递和数据通信的目的。

局域网的发展始于 20 世纪 70 年代。早在 1972 年，美国加州大学就研制了被称为分布式计算机系统（Distributed Computer System）的 NEWHALL 环网。1974 年英国剑桥大学研制的剑桥环网（Cambridge Ring）和 1975 年美国 Xerox 公司推出的第一个总线争用结构的实验性以太网（Ethernet）则成为最初 LAN 的典型代表。1977 年，日本京都大学首度研制成功了以光纤为传输介质的局域网络。

局域网具有如下特点。

1）网络所覆盖的地理范围比较小，通常不超过几千米，甚至只在一幢建筑或一个房间内。

2）数据的传输速率比较高，从最初的 10Mbit/s 到后来的 100Mbit/s，近年来已达到 1000Mbit/s、10000Mbit/s。

3）具有较低的延迟和误码率，其误码率一般为 $10^{-11} \sim 10^{-8}$。

4）便于安装、管理和维护，建网成本低、周期短。

5）局域网络的经营权和管理权通常属于某个单位所有，而广域网通常由电信运营商经营和管理。

3.3.2 IEEE 802 局域网标准

IEEE 于 1985 年公布了 IEEE 802 标准文本，同年为美国国家标准局（ANSI）采纳作为美国国家标准。后来，国际标准化组织（ISO）经过讨论，将 IEEE 802 标准定为局域网国际标准。IEEE 802 标准实际上是一个由一系列协议组成的标准体系。随着局域网技术的发展，该体系在不断地增加新的标准和协议。

局域网标准只涉及 OSI 模型的物理层和数据链路层。在 IEEE 802 标准中把数据链路层又分成了两个子层：媒体访问控制（Mac）子层和逻辑链路控制（LLC）子层，如图 3-9 所示，Mac 子层专门处理各种依赖于传输介质的特性，并分别对不同的介质制定各自的 Mac 标准，如介质访问控制和物理地址寻址；LLC 子层则针对共性的链路控制问题进行处理，并制定出统一的标准，从而向网络层提供一致的服务。

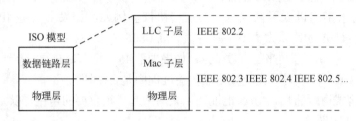

图 3-9　IEEE 802 局域网标准

不同局域网技术的区别主要在物理层和数据链路层，当这些不同结构和协议的局域网需要互连时，可以借助网络层协议（如 IP）。局域网的物理层和 OSI 模型的物理层功能相当，主要涉及局域网物理链路上原始比特流的传送，定义局域网物理层的机械、电气、规程和功能特性，如信号的传输与接收、同步序列的产生和删除、物理连接的建立、维护、撤销等。物理层还规定了局域网所使用的信号编码、传输介质、拓扑结构和传输速率。例如，信号编码可以采用曼彻斯特编码，传输介质可采用双绞线、同轴电缆、光缆甚至是无线传输介质，拓扑结构则支持总线型、星形、环形和混合型等，可提供多种不同的数据传输速率。

3.3.3 介质访问控制

传统以太网拓扑结构主要采用总线型，那么当多台设备争用同一总线时，如何避免信号产生冲突。这涉及介质访问控制方式，常见的介质访问控制方式有 CSMA/CD（带冲突检测的载波侦听多址访问）、Token Ring（令牌环）、Token Bus（令牌总线），不同的数据链路层协议和局域网采用不同的介质访问控制方式，例如以太网采用 CSMA/CD 方式，令牌环网采用 Token Ring 方式。

1. CSMA/CD

CSMA/CD（Carrier Sense Multiple Access/Collision Detection，带冲突检测的载波侦听多址访问）中的 CS（载波侦听）主要是指网络中的各个站点都具备一种对总线上所传输的信号或载波进行监测的功能；MA（多址）是指当总线上的一个站点占用总线发送信号时，所有连接到同一总线上的其他站点都可以通过各自的接收器收听，只不过目标节点会对所接收的信号进行进一步的处理，而非目标节点则忽略所收到的信号；CD（冲突检测）是指一种检测或识别冲突的机制，是实现冲突退避的前提。

CSMA/CD 通常用于总线型拓扑结构和星形拓扑结构的局域网中。在总线环境中，冲突的发生有两种可能的原因：一是总线上两个或两个以上的节点同时发送信息；另一种可能就是一个较远的节点已经发送了数据，但由于信号在传输介质上的延时，使得信号在未到达目的地时，另一个节点刚好发送了信息。

CSMA/CD 的工作原理可概括成 4 句话，即先听后发，边发边听，冲突停止，随机延时后重发。具体过程如下：

1）当一个站点想要发送数据的时候，它检测网络查看是否有其他站点正在传输，即侦听信道是否空闲。如果信道忙则等待，直到信道空闲；如果信道空闲，站点就立刻传输数据。

2）在发送数据的同时，站点继续侦听网络确信没有其他站点在同时传输数据。因为有可能两个或多个站点都同时检测到网络空闲然后几乎在同一时刻开始传输数据。如果两个或多个站点同时发送数据，产生冲突，它就发送一个拥塞信号，这个信号使得冲突的时间足够长，让其他的节点都能发现。

3）其他节点收到拥塞信号后，都停止传输，等待一个随机产生的时间间隙（回退时间，Backoff Time）后重发。

总之，CSMA/CD 采用的是一种"有空就发"的竞争型访问策略，因而不可避免会出现信道空闲时多个站点同时争发的现象，无法完全消除冲突，只能是采取一些措施减少冲突，并对产生的冲突进行处理。因此采用这种协议的局域网环境不适合于对实时性要求较强的网络应用。

2. Token Ring

Token Ring（令牌环）的结构如图 3-10 所示，信息沿环单向流动，不存在路径选择问题。在令牌环网中，为了保证在共享环上数据传送的有效性，任何时刻都只允许一个节点发送数据。为此引入了令牌传递机制，有一个特殊格式的帧在物理环中沿固定方向逐站传送，这个特殊帧称为"令牌"。令牌是用来控制各个节点介质访问权限的控制帧，当一个站点想发送帧时必须获得令牌，并在启动数据帧的传送前将令牌帧中的忙/闲状态位置于"忙"，然后传送数据，此时其他希望发送数据的工作站必须等待。

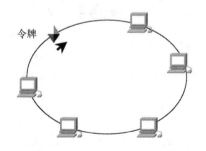

令牌

图 3-10　令牌环访问控制方式

也就是说，任何时候环中只能有一个节点发送数据，而其余站点只能允许接收帧。只有发送信息的源站点放弃发送权，或拥有令牌的时间到，其才会释放令牌，从而其他站点才有机会得到空令牌以发送自己的信息。

总之，Token Ring 采用的是一种"有权才发"的非竞争型访问策略，发送数据的权力通过令牌在各站点之间传递（轮转），因而不会出现信道空闲时多个站点同时争发的现象。但采用这种方式时应注意令牌传递的策略，既要保证优先级高的数据站点优先获得令牌，又要避免优先级低的站点长时间无法获得令牌的现象。

3.3.4 局域网设备：中继器和集线器

物理信号在传输的过程中会有衰减和干扰，衰减和干扰到一定程度，信号就产生失真而无法被正确地识别。因而传输过程中的衰减和干扰越大，传输距离就越短。例如非屏蔽双绞线的衰减较大，传输距离为 100m；而单模光纤的衰减很小，传输距离可以达几十千米。

中继器（Repeater）作为物理层的网络连接设备，可以对表示 0/1 的电信号或光信号进行整形放大，从而使得物理信号的传送距离得到延长。中继器具有在物理上扩展网络的功能，但并不识别其发送数据的含义，因此不能寻址，也不能对数据流量进行任何隔离或过滤。

中继器一般用于总线型网络，当需要用一根总线去连接很多终端而长度又不够时，使用中继器是一个廉价的解决方案，如图 3-11 所示。

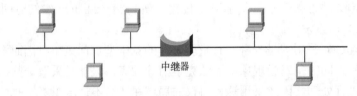

图 3-11 中继器的使用

中继器一般只有两个接口，一进一出。当连接星形网络时就需要多接口设备，于是出现了另一种物理层设备——集线器（Hub），如图 3-12 所示。集线器其实就是多端口的中继器。

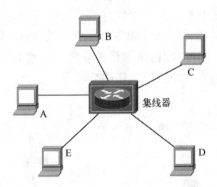

图 3-12 集线器的使用

集线器由于工作在物理层，因此和中继器一样，只能识别 0 或 1 的比特信号，并不理解比特串的含义，也不能识别数据链路层帧结构中的地址，因此集线器并不能根据帧结构中目的地址识别数据要发往哪台主机。集线器工作时会将接收到的比特数据整形放大，并转发到所有活动端口上，由接收数据的计算机终端将接收的帧中的目的地址和自己的网卡 Mac 地址比对，如一致则接收该帧数据，否则丢弃该帧。例如图 3-12 中 A 终端要发送数据给 B 终端，集线器从 A 接收到该数据后，会将该数据转发给 B、C、D、E，其中 C、D、E 接收到该数据后发现数据帧中的目的 Mac 地址和自己的 Mac 地址不一样，会将接收的数据丢弃，只有 B 会最终接收该数据。

从集线器的工作过程可以看出，集线器采用的是广播式数据发送方式，即一进多出。因此集线器连接的网络，从物理上看是星形网络，从逻辑上看仍然是总线型网络，相当于在集线器内部有一根总线，所有端口都连接在这根总线上。这种方式有多方面的不足。

1）安全性差：用户数据包向所有节点发送，很可能带来数据通信的不安全因素，别人很容易就能非法截获他人的数据包。

2）共享带宽：由于采用广播式数据发送方式，属于共享带宽，降低了网络传输效率，容易造成网络塞车现象。例如 10Mbit/s 的路由器，所有端口的传输速率加起来为 10Mbit/s，并不是每一个端口都能同时达到 10Mbit/s 的发送或接收速率。

3）非双工传输：由于共享介质限制，集线器在同一时刻每一个端口只能进行一个方向的数据通信，而不能像交换机那样进行双向双工传输，网络执行效率低。

4）冲突域扩大：在共享介质环境中，当主机数目不断增加时，产生冲突的可能性也随之增大，也就是说，所有由中继器或集线器互连的主机仍在一个冲突域中。所谓冲突域是对一组可能会彼此发生冲突的主机设备及其互连的网络环境的总称，在这种环境中一台主机发送数据其他主机只能接收数据或等待。

3.3.5 局域网设备：交换机

1．交换式局域网

由于用中继器或集线器组成的共享总线式局域网存在种种功能上和性能上的缺点，特别是使用中继器或集线器进行网络物理扩展时，会同时扩展冲突域。用的中继器或集线器越多，则冲突域就越大，主机之间发生冲突的概率也就越大，网络的传输效率也就越低。因此后来产生了交换式局域网。

所谓交换式局域网是指以交换机为中心，对数据进行存储转发的星形网络。交换机连接局域网的方式和集线器类似，但其工作原理和集线器有较大区别，交换式局域网也比共享总线式局域网在性能上有很大提高。

2．交换机及其工作原理

交换机是工作在数据链路层的局域网设备，用于连接局域网内的主机和其他交换机。常见的交换机包括机架式交换机（16 口/24 口/48 口）以及便携式交换机（5 口/8 口），如图 3-13 所示，此外还有早期使用的被称为网桥的两端口数据链路层设备。

a)   b)

图 3-13　交换机

a) 机架式交换机　b) 便携式交换机

交换机工作在数据链路层，能够识别数据帧中的物理地址（如以太网帧中的 Mac 地址），因此交换机能够进行有选择的转发。为进一步理解交换机的工作原理，我们假设局域网拓扑如图 3-14 所示, 主机 A、B、C、D 分别连接在交换机的 1、2、3、4 端口上。该交换机工作过程如下。

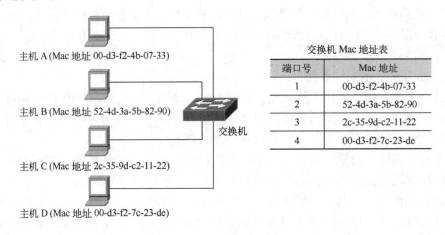

图 3-14 交换机工作原理拓扑示例

（1）建立 Mac 地址表

交换机接收到任一数据帧时, 会将接收到帧的端口以及该帧中的源 Mac 地址保存在交换机内存的 Mac 地址表中, 如图 3-14 所示, 这样交换机就知道了每个端口上连接的主机的 Mac 地址。

（2）数据过滤与转发

交换机分析数据帧中的目的 Mac 地址, 将帧的目的 Mac 地址和 Mac 地址表比对, 就知道该帧要传给哪台主机, 应该从哪个端口转发。例如主机 A 要传输数据给主机 C, 交换机接收到的数据帧中目的 Mac 地址为 2c-35-9d-c2-11-22, 那么该帧将从端口 3 转发出去, 从而到达主机 C。

从上述过程可以看出, 由于交换机的数据是"一进一出", 不像集线器是"一进多出", 因此大大减少了网络中的广播流量, 减小了冲突域, 提高了网络性能; 并且交换机连接不同的线路可以同时进行数据传输, 互不影响, 例如图 3-14 中 A 和 C、B 和 D 可以同时传输数据, 因此交换机属于独立带宽设备, 例如 10Mbit/s 的交换机每个端口都可以达到 10Mbit/s 的发送或接收速率。此外, 交换机还能够对数据进行存储转发, 因此可以连接不同速率的线路, 接收和发送数据不匹配时可以将数据缓存在交换机内存中, 等到线路空闲时再将数据发送出去, 而集线器只能连接相同速率的线路。

综上所述, 交换机工作在数据链路层, 不仅能在物理上扩展局域网, 还能在逻辑上划分冲突域, 性能大大高于集线器, 因此目前在局域网组网应用中交换机已经基本取代了集线器。

思考: 级连交换机的工作过程。例如, 交换机 A 连接 3 台主机（主机 A 在端口 2、主机 B 在端口 3、主机 C 在端口 4）, 交换机 B 连接 2 台主机（主机 D 在端口 2、主机 E 在端口 3）, 两台交换机的端口 1 互连, 请写出此时交换机 A 和交换机 B 的 Mac 地址表以及交换机如何根据 Mac 地址表将数据帧从主机 A 传输到主机 E 的过程。

3.4　应用案例

案例描述：

公司领导发现经常有人下班以后不关计算机，便交给小朱一项任务：通过网络记录每天下班后不关机的计算机。

案例分析：

首先，必须通过唯一性的标识区别每一台计算机，可以使用的唯一性标识包括 IP 地址和 Mac 地址。由于公司除了服务器以外的计算机都采取 DHCP 方式自动获取 IP 地址，每次开机获取的 IP 地址可能都不一样，因此无法通过 IP 地址定位到某台计算机，只能采用 Mac 地址进行定位。

解决方案：

小朱的解决方案步骤如下。

1）首先通过公司网站发布通知，要求公司的每一位员工向网络中心申报自己计算机的 Mac 地址，同时在网站上公布查看计算机 Mac 地址的方法。

2）小朱将申报的 Mac 地址汇总，得到公司的 Mac 地址表，如表 3-4 所示。

表 3-4　公司 Mac 地址汇总表

部 门 名 称	员 工 姓 名	Mac 地址表
行政部	王达	70-5A-B6-4C-9F-B5
	…	
	张敏	00-90-27-99-11-cc
销售部	…	…
研发部	…	…
生产部	…	…

3）由于计算机关机后其 Mac 地址不会立刻从交换机的 Mac 地址表中消失，因此为了提高准确性可以设置交换机的 Mac 地址表的老化时间（如不设置则采用默认老化时间，各品牌交换机的默认老化时间不一样）。小朱将交换机的 Mac 地址表的老化时间设置为 10min，即交换机的端口会每 10min 查询接在该端口上的主机 Mac 地址是否有更新。如果在老化时间内端口未收到源地址为某 Mac 地址的帧，那么该 Mac 地址将从 Mac 地址表中删除。

4）下班回到家后，由于离下班时间已超过 10min，此时小朱在家里上网远程登录到公司的交换机上查看 Mac 地址表，此时 Mac 地址表中存在的地址即没有关机的计算机的 Mac 地址。例如假设此时 Mac 地址表中有 00-90-27-99-11-cc 这条记录，则说明行政部张敏的计算机没有关机。

3.5　本章小结

数据链路层建立在物理层之上，将比特流封装成帧，实现了物理地址寻址、数据校验等物理层无法实现的功能。目前在局域网中使用较多的是以太网协议，在城域网和广域网中使用较多的是 PPP、HDLC 协议、ATM 网等。以太网根据其传输速率分为标准以太网、快速以太网、千兆以太网和万兆以太网。

IEEE 为局域网制定了 IEEE 802 标准，IEEE 802 定义了局域网在物理层和数据链路层的技术规范。IEEE 802 又含有若干子标准，其子标准的一个重要划分原则是介质访问控制方式，常见的有 CSMA/CD、Token Ring 等。局域网中使用的主要设备包括中继器、集线器和交换机，其中中继器和集线器是物理层的设备，其功能是完成比特流的转发和广播；交换机是数据链路层的设备，其功能是根据 Mac 地址表完成帧的转发。

习题

一、选择题

1. 数据链路层的功能是（　　）。
   - A. 实现比特流的物理传输
   - B. 通过提供实现差错控制、流量控制、物理地址寻址等功能，实现相邻节点间的无差错传输
   - C. 通过 IP 地址实现逻辑地址寻址和路由选择
   - D. 实现端到端数据传输

2. 下列关于数据链路层说法错误的是（　　）。
   - A. 数据链路层是 OSI 模型中的第 2 层
   - B. 数据链路层属于 TCP/IP 中的网络接口层
   - C. 数据链路层为网络层提供服务，并利用物理层进行传输
   - D. 数据链路层按位（bit）进行传输

3. 关于帧的说法错误的是（　　）。
   - A. 发送方的数据链路层将网络层的数据接收并封装成帧
   - B. 接收方的数据链路层将物理层的数据接收并解封装成帧
   - C. 帧的头部和尾部中一般包括同步位、地址、长度、校验码等信息
   - D. 一个网络层的数据包（分组）只能被封装成一个数据链路层的帧

4. 数据链路层的协议不包括（　　）。
   - A. Ethernet 协议　　　　B. PPP　　　　C. HDLC 协议　　　　D. IP

5. 关于以太网协议说法错误的是（　　）。
   - A. 以太网协议位于数据链路层
   - B. 以太网协议属于 IEEE 802.3 标准
   - C. 标准以太网速率为 100Mbit/s
   - D. 以太网可使用双绞线、光纤等多种传输介质

6. 关于 PPP 说法错误的是（　　）。
   - A. PPP 位于数据链路层
   - B. PPP 适用于交换式网络中的设备连接和通信
   - C. PPP 应用于电话链路时需要调制解调器进行拨号
   - D. PPPoE 是 PPP 和 Ethernet 协议的结合，可以将 Ethernet 局域网接入点到点链路的

远端设备

7. 关于 IEEE 802.3 以太网标准中的 100Base-TX 分类标准说法不正确的是（   ）。

    A．100Base-TX 是快速以太网标准的一种

    B．100Base-TX 中的 100 表示传输速率最高为 100Mbit/s

    C．100Base-TX 中的 Base 表示基带传输，即传输过程不要要经过调制和解调

    D．100Base-TX 中的 TX 表示采用光纤作为传输介质

8. 关于 Mac 地址说法错误的是（   ）。

    A．Mac 地址是以太网中使用的物理地址

    B．Mac 地址的长度为 32 位

    C．Mac 地址具有全球唯一性，即世界上没有同样的两个 Mac 地址

    D．以太网帧使用 Mac 地址进行寻址

9. 关于中继器和集线器说法错误的是（   ）。

    A．中继器和集线器工作在数据链路层

    B．集线器相当于多端口中继器

    C．中继器和集线器的功能是对接收的信号整形放大并进行转发，因而可以延长信号的传输距离

    D．中继器和集线器不能识别所转发的数据的含义

10. 关于集线器和交换机说法错误的是（   ）。

    A．集线器工作在物理层，交换机工作在数据链路层

    B．集线器各端口拥有独立带宽，交换机各端口共享带宽

    C．中继器不能识别所转发数据的含义，交换机能够按照其所使用的协议格式分析所转发数据的含义

    D．中继器采用广播方式转发数据（一进多出），交换机能够将数据转发到指定端口（一进一出）

二、简答题

1. 结合以太网帧格式说明数据链路层的功能。

2. 交换机如何使用 Mac 地址表转发数据？

第4章 网 络 层

学习目标

1. 理解网络层的功能及主要协议;
2. 掌握 IP 地址的表示、分类以及子网掩码;
3. 理解及掌握 IP 的功能和格式;
4. 理解 ARP/RARP 的功能和工作过程;
5. 理解 IP 路由技术及路由器工作原理。

建议实训

实训 7: TCP/IP 配置及子网划分
实训 8: 网络层数据抓包分析
实训 9: 路由器的基本配置

4.1   网络层概述

之前学习了数据链路层及其协议,通过数据链路层能够实现网络上两个相邻节点之间的无差错传输。但数据链路层只能将数据帧由一段传输介质的一端送到另一端。在整个网络中存在多个节点和多段传输介质,并且一个节点可能有多个接口,此时如何将数据从源主机正确的传输到目的主机,并选择最短或最快的路径,只通过数据链路层无法解决,必须结合网络层及其协议解决。如图 4-1 所示。

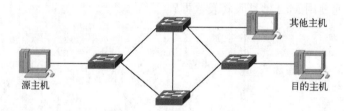

图 4-1   网络层要解决的问题

为了有效地实现源到目标的分组传输,网络层需要提供如下多方面的功能:

1)数据分组。需要规定该层协议数据单元的类型和格式,网络层的协议数据单元称为分组或包(packet),和其他各层的协议数据单元类似,分组是网络层协议功能的集中体现,其中包括实现该层功能所必需的控制信息(如收发双方的网络地址等)。

2)路由选择。要了解通信子网的拓扑结构,从而根据一定的算法进行最佳路径的选择,最佳路径选择又被称为路由(Routing)。

3）拥塞控制和负载平衡。在选择路径后还要进行拥塞控制和负载平衡，当网络带宽或通信子网中的路由设备性能不足时都可能导致拥塞；既不要使某些路径或通信线路处于超负载状态，也不能让另一些路径或通信线路处于空闲状态。

4）网络互连。当源主机和目标主机的网络不属于同一种类型时（如以太网和点对点网），网络层还要能协调好不同网络间的差异即解决所谓异构网络互连的问题，主要涉及协议数据格式转换以及网络互连设备。

一般将 OSI 模型的下三层（物理层、数据链路层、网络层）称为通信子网，因为这三层主要负责数据通信，和高层的应用无关。而 OSI 模型的上四层（传输层、会话层、表示层、应用层）主要处理端到端（end to end）的传输及网络应用，因此上四层不存在于网络设备等中间节点中，仅存在于数据传输的两端。如图 4-2 所示。

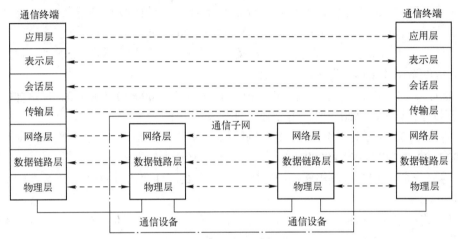

图 4-2 网络层位置及作用

从图 4-2 可以看出网络层位于通信子网的最高层，同时又是通信子网和资源子网的边界，运行在网络层的协议主要包括如下：

1）IP（Internet Protocol，网际协议）。负责网络层寻址、路由选择、分段及包重组。

2）ARP（Address Resolution Protocol，地址解析协议）。负责把网络层的逻辑地址解析成数据链路层的硬件地址，如 Mac 地址。

3）RARP（Reverse ARP，逆向地址解析协议）。负责把数据链路层的硬件地址解析成网络层的逻辑地址。

4）ICMP（Internet Control Message Protocol，网络控制消息协议）。负责提供诊断功能，报告由于 IP 数据包投递失败而导致的错误。例如常见的网络测试命令 ping 和 traceroute 就是基于 ICMP。

4.2 网络层协议

4.2.1 IP

1. IP 地址及其表示

IP 地址是 TCP/IP 的网络层用以标识网络中主机的逻辑地址。所谓逻辑地址，是与数据链路层的物理地址（即硬件地址）相对的一种可配置地址。物理地址如 MAC 地址固化在网卡的芯片中，是不能改变的。而逻辑地址如 IP 地址则是第三层地址，有时又被称为网络地址，可以根据主机所在网络灵活的配置，是可变的。

物理地址和逻辑地址的关系有点类似于人的姓名和住址的关系，当人一出生时，就会由父母为其取一个姓名，正所谓"行不更名，坐不改姓"，一个人姓名一般不会改变；但在人的一生中，因为学习、工作和生活等多种原因会产生很多的迁移，从而住址是可以经常改变的。而且从住址可以知道一个人当前所在的位置信息，但从一个人的姓名显然是不可能获取其当前所处的位置信息的。

IP 地址采用的是全球寻址方式，所以它必须是唯一的，在 Internet 上没有任何两台连接到公共网络上的主机拥有相同的 IP 地址。出于对 Internet 网络上地址分配合法性和权威性的考虑，必须有一个专门的组织来负责 Internet 上合法地址的分配与管理，这个组织就是 Internet 地址分配委员会（Internet Assigned Numbers Authority，IANA）。任何单位和组织如果需要申请公有 IP 地址，都必须向 IANA 及其下属机构（例如中国的 CNNIC）提出申请，并支付相应的费用才可以获得公有 IP 地址。

IP 地址长度为 32 位二进制，例如 10010000110010110000001000001001，这样的表示方法不便于书写和记忆，因此一般采用点分十进制表示如下：

1）将这个 32 位的地址分成 4 组，每组包含 8 位二进制位，那么这个 IP 地址将变成 10010000 11001011 00000010 00001001。

2）将每一个 8 位二进制组转换成对应的十进制数，并在这 4 个十进制数之间加上点分隔：144.203.2.9。

每一台连接在 Internet 上的主机 IP 地址都是不一样的，32 位二进制数理论上可以构成的地址总数为：2^{32}=4294967296，约为 40 亿个地址。

32 位的 IP 地址结构由网络号（又称网络地址）和主机号（又称主机地址）两部分组成，如图 4-3 所示。

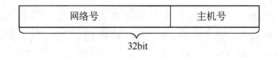

图 4-3　IP 地址结构

其中，网络号又称网络地址，用于标识该主机所在的网络，同一个网络中每台机器 IP 地址的网络号部分是相同的。而主机号则表示该主机在相应网络中的序号，可以唯一的标识该主机，因此同一网络中各主机号必须是不同的。

那么为什么在广域网或 Internet 上需要使用 IP 地址去唯一的标识一台主机，前面学习的 Mac 地址不是也可以唯一的标识一台主机吗？这是因为广域网上有数以亿计的主机，因此标识主机的地址不仅需要唯一性，而且需要能够通过该地址找到其所在的地理位置。由于 IP 地址包含了其所在的网络，因此 IP 地址的分布是有规律的，在数据传输时，通过路由技术可以找到其所在的网络，然后再通过局域网技术找到该主机。而 Mac 地址在广域网上的分布是没有规律的，无法通过 Mac 地址找到其所在的位置，因此 Mac 地址只在局域网中用于寻址。

2．IP 地址分类

任何一个 IP 地址都分为网络号和主机号两部分，那么网络号和主机号分别是多少位呢？这是不一定的，取决于其属于哪一类 IP 地址。根据网络规模，IP 地址分为 A 到 E 共 5 类，其中 A、B、C 类称为基本类，用于主机地址，D 类地址是一种组播地址，E 类地址保留以后使用。如图 4-4 所示。

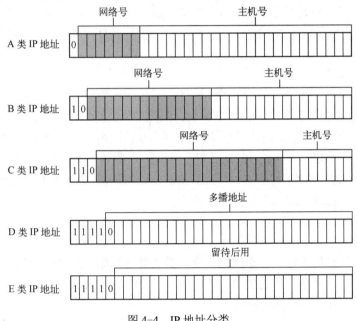

图 4-4　IP 地址分类

各类 IP 地址说明如下：

（1）A 类地址

以"0"开始的 IP 地址为 A 类地址。A 类地址的第 2～8 位为网络号，后 24 位为主机号。在实际使用时约定网络号和主机号都不能全部取 0 或者全部为 1，网络号或者主机号全 0 或者全 1 是有特殊含义的保留 IP，不能配置在主机上。例如主机号全部取 0 时表示的是本网络而不是其中的某台主机，而全部取 1 时表示的是本网络的广播地址。

由此可见 A 类地址的范围是：1.0.0.1～126.255.255.254（二进制表示为：00000001 00000000 00000000 00000001～01111110 11111111 11111111 11111110）。A 类地址主要用于超大型网络，因为每个 A 类网络中可以容纳 $2^{24}-2=16777214$ 台主机，全世界共有 $2^7-2=126$ 个 A 类网络。

（2）B 类地址

以"10"开始的 IP 地址为 B 类地址。B 类地址的第 3～16 位为网络号，后 16 位为主机号，网络号和主机号与 A 类地址一样不能全部取 0 或者全部为 1。

由此可见 B 类地址的范围是：128.1.0.1～191.254.255.254（二进制表示为：10000000 00000001 00000000 00000001～10111111 11111110 11111111 11111110）。B 类地址主要用于中型网络，因为每个 B 类网络中可以容纳 $2^{16}-2=65534$ 台主机，全世界共有 $2^{14}-2=16382$ 个 B 类网络。

（3）C 类地址

以"110"开始的 IP 地址为 C 类地址。C 类地址的第 4～24 位为网络号，后 8 位为主机号。C 类地址的范围是：192.0.1.1-223.255.254.254（二进制表示为：11000000 00000000 00000001 00000001-11011111 11111111 11111110 11111110）。C 类地址主要用于小型网络，因为每个 C 类网络中可以容纳 2^8-2=254 台主机，全世界共有 2^{21}-2=2097150 个 C 类网络。

（4）D 类地址

以"1110"开始的 IP 地址为 D 类地址，称为组播地址或多点广播地址。组播指的是一台主机可以同时将一些数据分组转发给多个接收者。D 类地址被定义为只用 4 个二进制位来表示网络号，所有其余的 28 位专门用来表示主机号。D 类地址主要留给 IAB（Internet Architecture Board，Internet 体系结构委员会）使用。

（5）E 类地址

保留地址，以"11110"开始，保留用于将来和实验使用。

上述 5 类地址中，平时使用的主要是 A、B、C 共 3 类，为了便于记忆，可以认为点分十进制表示的 IP 地址中的第 1 个十进制数在 1～126 范围内的属于 A 类地址、在范围 128～191 内的属于 B 类地址、在 192～223 范围内的属于 C 类地址。例如 IP 地址 167.3.23.2 属于 B 类 IP 地址，因为 167 在 128～191 范围之内，或者换算成二进制是 10100111，因此该 IP 的网络号为 167.3，主机号为 23.2。

3. 特殊 IP 地址

（1）网络地址

网络地址主要是用来标识一个网络，它不是指具体的哪一个主机或设备，而是标识属于同一个网络的主机或网络设备的集合。对任意一个 IP 地址来说，将它的地址结构中的主机号全部取为 0 就得到了它所处的网络地址。

例如，A 类地址 60.231.2.33 的主机号为后 24 位，因此其网络地址是 60.0.0.0；B 类地址 143.23.5.53 的网络地址是 143.23.0.0；C 类地址 210.29.75.8 的网络地址是 210.29.75.0。

网络地址不能够被配置在主机上，但它经常被使用在路由器的路由表中，例如静态路由表中的一条路由 ip route 210.29.75.0 255.255.255.0 210.29.228.170 表示通向 210.29.75.0 这个 C 类网络的下一跳地址为 210.29.228.170（参见第 5.3 节）。

（2）广播地址

局域网内的数据发送方式有单播、组播和广播 3 种。单播是指数据接收方为一个终端，组播是指数据接收方为多个终端，广播是指接收方为局域网内的所有终端。

在广播方式下，一台网络设备所发送的数据分组将会被本网络内的所有主机接收，每个主机都收到同样的信息。要以广播方式发送数据，必须将数据分组的目的 IP 地址设为该网络的广播地址。在一个网络内，将它的地址结构中的主机号全部取为 1 就得到了它所处的网络的广播地址。

例如，A 类地址 60.231.2.33 的广播地址是 60.255.255.255，B 类地址 143.23.5.53 的广播地址是 143.23.255.255，C 类地址 210.29.75.8 的广播地址是 210.29.75.255。

网络地址不能够被配置在主机上，但它经常被使用在一些协议的查询过程中，例如通过 ARP 解析某个 IP 的 Mac 地址时就会首先发送一条广播数据对局域网内的每台主机进行查询。

综合上述分析可知：

● A 类地址的网络地址为*.0.0.0，广播地址为*.255.255.255。
● B 类地址的网络地址为*.*.0.0，广播地址为*.*.255.255。

● C 类地址的网络地址为*.*.*.0，广播地址为*.*.*.255。

（3）环回地址

一般将 127.0.0.1 称为环回（loopback）地址，所谓环回是指发送给该地址的数据不离开发送主机（即数据包不会通过外部网络接口）。环回地址一般用于进行测试，不需要在主机上进行配置，例如可以通过 ping 127.0.0.1 命令查看本机的网卡是否正常（图 4-5），还可以通过环回地址在同一台主机上实现 client 和 server 的功能。

```
C:\Documents and Settings\Administrator>ping 127.0.0.1

Pinging 127.0.0.1 with 32 bytes of data:

Reply from 127.0.0.1: bytes=32 time<1ms TTL=128
Reply from 127.0.0.1: bytes=32 time<1ms TTL=128
Reply from 127.0.0.1: bytes=32 time<1ms TTL=128
Reply from 127.0.0.1: bytes=32 time<1ms TTL=128

Ping statistics for 127.0.0.1:
    Packets: Sent = 4, Received = 4, Lost = 0 (0% loss),
Approximate round trip times in milli-seconds:
    Minimum = 0ms, Maximum = 0ms, Average = 0ms
```

图 4-5　通过环回地址测试本机网卡

（4）私有 IP

有些网络不需要接入公共 Internet，这些网络称为私有网络。既然私有网络没有接入公共网络，所以没有必要给这些主机分配公有 IP 地址。为了解决私有网络的地址分配问题专门提出了私有地址的概念，私有 IP 地址将不会被路由器转发到 Internet 骨干网上。在 A 类地址、B 类地址、C 类地址中分别划出 3 块地址空间作为私有地址，这 3 个私有地址块的情况如表 4-1 所示。

表 4-1　私有网络地址范围

地 址 类 别	私有地址范围
A	10.0.0.0～10.255.255.255
B	172.16.0.0～172.31.255.255
C	192.168.0.0～192.168.255.255

4．子网掩码

子网掩码的作用是实现子网划分。有时需要进行子网划分的原因主要包括如下几个方面。

（1）节约 IP 资源

对于 Internet 上 A、B、C 类地址来说，每个类别的地址所包含的网络号位数和主机号位数是固定的，因此每类地址所能够提供的网络地址数量也是固定的。其中每个 A 类网络能够提供的主机地址数目可以达到 16777214（即 $2^{24}-2$）个，每个 B 类网络提供的主机地址数目可以达到 65534（即 $2^{16}-2$）个，每个 C 类网络提供的主机地址数目为 254（即 2^8-2）个。但实际上每个网络中并不一定就有这么多台主机。例如一个网络只有 20 台主机，就算分配一个 C 类网络地址段给它，也会有很多 IP 地址被浪费掉。

（2）减小广播域

对于 A 类和 B 类网络来说，如果不进行子网划分，由于这两种类型的网络所包含的主机数量非常大，当有广播发生时产生的广播数据包将十分惊人。如果进行了子网划分，那么可以减小广播域，从逻辑上减小网内主机的数目，因此可以减少广播包的发送，从而节约大量的网络带宽，提高网络数据传送效率。

子网划分提供了一种灵活的方式将一个网络划分为若干子网，其原理是将主机号中的一部分作为子网号，子网号位数越长划分出的子网个数就越多。经子网划分后的 IP 地址格式如图 4-6 所示。

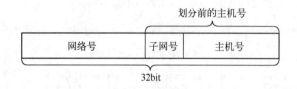

图 4-6　子网划分后的 IP 地址结构

子网划分由子网掩码实现，在进行子网划分时一个 IP 地址对应一个子网掩码，子网掩码的位数也是 32bit，并且子网掩码中对应 IP 地址中网络号和子网号部分的位数用 1 表示，对应 IP 地址中主机号部分的位数用 0 表示。例如某 C 类 IP 地址的子网掩码为 255.255.255.248（即二进制 11111111.11111111.11111111.11111000），其中 1 的个数为 29，0 的个数为 3，因此经子网划分后，该 IP 地址的网络号为 24 位（由于是 C 类网）、子网号为 5 位（29-24=5）、主机号为 3 位。如图 4-7 所示。

图 4-7　子网掩码实例

由于规定主机号不能为全 0 或全 1，所以在上例中子网号为 5 位，可划分 2^5=32 个子网，每个子网中可容纳 2^3-2=6 台主机。

如不划分子网，则 C 类 IP 的默认子网掩码为 255.255.255.0（即二进制 11111111.11111111.11111111.00000000）。如需划分子网，根据使用需要可以使用不同的子网掩码将一个 C 类网划分出不同个数或不同大小的子网，如表 4-2 所示。

表 4-2　C 类网子网掩码

子网掩码	网络号位数	子网号位数	主机号位数	子网个数	每个子网主机个数
255.255.255.0	24	0	8	0	254
255.255.255.128	24	1	7	2	126
255.255.255.192	24	2	6	4	62
255.255.255.224	24	3	5	8	30
255.255.255.240	24	4	4	16	14
255.255.255.248	24	5	3	32	6
255.255.255.252	24	6	2	64	2

？思考：为什么没有子网掩码 255.255.255.254？

同理可推算出 A 类、B 类 IP 网络的子网掩码表，现举例说明：若要将某 B 类网划分出同样大小的 40 个子网，由于 $2^5 < 40 < 2^6$，所以子网号长度应为 6，子网掩码为 255.255.252.0（即二进制 11111111.11111111.11111100.00000000），每个子网中可容纳 $2^{10}-2=1022$ 台主机。

5. IP 数据包

IP 是网络层中的主要协议。IP 数据包由报头区和数据区组成，其中报头区由一个 20 字节固定长度部分和一个可选任意长度部分组成，其格式如图 4-8 所示。

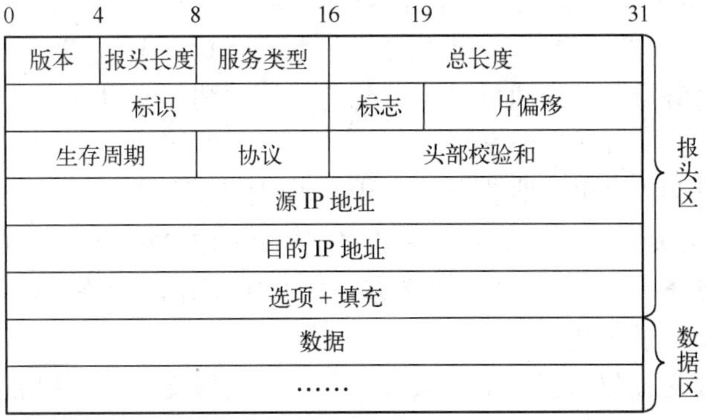

图 4-8　IP 协议数据包格式

格式中主要字段含义如下。

版本：长度为 4 位。取值一般为 0100（IPv4）或 0110（IPv6）。

报头长度：长度为 4 位。指明"报头区"的长度，以 32bit 为单位。在"报头区"中只有"选项+填充"字段的长度是可变的，其他字段的长度都是固定的。例如，某 IP 包的报头长度值为 0111，表示该 IP 包的报头长度为 7×32bit。由于报头区中除了"选项+填充"字段以外的其余字段长度为 5×32bit，可以计算出该 IP 包的"选项+填充"字段的长度为(7−5)×32bit=8B。

总长度：长度为 16 位。表示包括"报头区"+"数据区"在内的 IP 包的总长度，以字节（B）为单位。

生存周期：长度为 8 位。该字段设置了该 IP 数据包可以经过的最多路由器数，一旦经过一个处理它的路由器，它的值就减去 1，当该字段的值为 0 时，数据包就被丢弃，并发送 ICMP 消息通知源主机。这种机制可以防止网络出现环路时 IP 数据包被不断发送。该字段初始值由源主机设置（通常为 32 或 64）。

协议：长度为 8 位。该字段用于指定该 IP 数据包的上层协议，常见取值有 6（TCP）、17（UDP）、1（ICMP）。

源 IP、目的 IP：长度为 32 位。用于指定发送者和所期望的接收者的 IP 地址。

6. IPv6

以上介绍的 IP 是第 4 版的 IP，又称为 IPv4。由于 IPv4 所定义的 IP 地址结构共由 32 位二进制数组成，去掉一些保留 IP，实际可用的只有不到 40 亿个，所以 ICANN 于 2011 年 1

月已将所有可用 IP 分配完毕，IPv4 面临着没有地址可用的局面。针对 IPv4 的地址危机，目前主要有两种应对措施：私有 IP 和 IPv6。

私有 IP 是一种解决方案，如果要将配置私有 IP 的网络接入公网（Internet），则必须先进行 NAT（网络地址转换）将私有 IP 映射到公有 IP，但 NAT 使用时必须在路由器上进行配置，且影响转发速度，并且当多个私有 IP 映射到同一个公有 IP 时，只能获得这个公有 IP 的一部分端口，对一些复杂的网络应用有影响。因此私有 IP 并不能完全解决 IP 地址不足的问题，最终必须通过增加 IP 地址的数量来解决。

IPv6 是 Internet Protocol Version 6 的缩写，是 IETF（Internet Engineering Task Force，互联网工程任务组）设计的用于替代现行版本 IP（IPv4）的下一代 IP。IPv6 具有长达 128 位的地址空间，可以彻底解决 IPv4 地址不足的问题，除此之外，IPv6 还采用了分级地址模式、高效 IP 包头、服务质量、主机地址自动配置、认证和加密等许多技术。

IPv6 的特点主要包括如下几个方面。

- IPv6 地址长度为 128bit，地址空间比 IPv4 增大了 2^{96} 倍；
- 灵活的 IP 报文头部格式。使用一系列固定格式的扩展头部取代了 IPv4 中可变长度的选项字段。IPv6 中选项部分的出现方式也有所变化，使路由器可以跳过选项而不做任何处理，加快了报文处理速度；
- IPv6 简化了报文头部格式，字段只有 8 个，加快报文转发，提高了吞吐量；
- 提高安全性。身份认证和隐私权是 IPv6 的关键特性；
- 支持更多的服务类型；
- 允许协议继续演变，增加新的功能，使之适应未来技术的发展。

IPv4 地址一般采用"点分十进制"形式来表示，而 IPv6 一般采用"冒号十六进制"表示形式，即 IPv6 地址中的 128 位按照每 16 个二进制位为一个分组进行分隔，然后将每 16 位二进制块转换为 4 个十六进制数来表示，相邻的 16 位块以冒号隔开。下面具体看一个二进制表示的 IPv6 地址：0011111111111110001010010000000011010000000001010000000000000000000000000010101010100000000001111111111111110001010001001110001011010，将 128 位二进制数按每 16 位一个位块分成 8 块，得到了如下的分块情况：

0011111111111110　0010100100000000　1101000000000101　0000000000000000
0000001010101010　0000000011111111　1111111000101000　1001110001011010

然后将每个分块转换成 4 位十六进制数，并且将相邻的块用冒号隔开。最终表示结果为 3FFE:2900:D005:0000:02AA:00FF:FE28:9C5A。

冒号十六进制表示形式还规定，对于每一个位块转换成的十六进制结果，如果前面包含有 0，则可以将这些 0 称为块内前导零。这些前导零可以省略不写只写其余的部分，从而可以简化 IPv6 地址的书写，但每个块必须最少有一个数字。删除前导零后，上述 IPv6 地址就变成了：3FFE:2900:D005: 0:2AA:FF:FE28:9C5A。

由于地址长度要求，地址包含由零组成的长字符串的情况十分常见。为了简化对这些地址的写入，可以使用压缩形式，即多个 0 块的单个连续序列由双冒号符号（::）表示。例如，FFED:0:0:0:0:BA98:3210:4562 的压缩形式为 FFED::BA98:3210:4562。但这种零压缩在每个地址中只能出现一次，例如 2001::25de::cade 是非法的，因为这样无法分清楚每个压缩中有几个全零的分组。

将 IPv4 地址编码过渡到 IPv6，可行的办法是在 IPv6 地址中嵌入 IPv4，前 80 位设为 0，紧跟的 16 位表明嵌入方式，最后的 32 位为 IPv4 地址。当 16 位的嵌入方式为全"0"时，称为 IPv4 兼容的 IPv6 地址；当 16 位的嵌入方式为全"1"时，称为 IPv4 映射的 IPv6 地址。

随着 IPv4 地址资源的耗尽，IPv6 必将得到更快的发展，目前我国第一个基于 IPv6 的主干网 CERNET2（第二代教育网）试验网正式开通并提供服务，很多高校已申请了 IPv6 地址段并接入 CERNET2。

4.2.2 ARP/RARP

1. ARP/RARP 功能

ARP（Address Resolution Protocol，地址解析协议）用于将 IP 地址解析为物理地址。RARP（Reverse Address Resolution Protocol，逆向地址解析协议）用于将物理地址解析为 IP 地址。由于通过 IP 地址可以找到该 IP 所在的网络，所以 IP 地址主要用于广域网上的路由选择；而在数据链路层上传输数据时，无论上层使用何种协议，必须使用物理地址（又称为硬件地址）进行寻址。例如在以太网环境中，一般采用 Mac 地址寻址，即通过目的 Mac 地址寻找数据接收方并进行数据传输。ARP/RARP 在 TCP/IP 分层模型中的位置如图 4-9 所示。

在 TCP/IP 网络环境下，每个主机都分配了一个 32 位的 IP 地址，IP 地址是在网际范围标识主机的一种逻辑地址。为了让报文在物理线路上传送，必须知道对方目的主机的物理地址。这样就必须把目的主机的 32 位 IP 地址转换成为 48 位以太网的地址，提供该功能的协议就是 ARP。RARP 是被那些没有磁盘驱动器的系统使用（一般是无盘工作站或 X 终端），具有本地磁盘的系统引导时，一般是从磁盘上的配置文件中读取 IP 地址，但对于无盘机则需要采用其他方法来获得 IP 地址。ARP/RARP 功能如图 4-10 所示。

图 4-9   ARP/RARP 位置

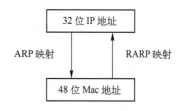

图 4-10   ARP/RARP 功能

2. ARP 工作过程

局域网中的某台主机要发送数据给另一台主机，知道对方的 IP 地址但不知道对方的硬件地址。此时就需要先通过 ARP 解析对方的硬件地址，才能正确发送和接收数据。

假设拓扑结构如图 4-11 所示，主机 B 的 IP 为 200.10.1.2，硬件地址为 00-17-31-A6-AC-BE，主机 E 的 IP 为 200.10.1.5，主机 B 要查询主机 E 的硬件地址以便发送数据给主机 E，则 ARP 解析过程如下。

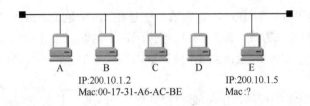

图 4-11　ARP 解析示例拓扑

1）主机 B 的 ARP 进程在本局域网上广播一个 ARP 请求包，如图 4-12 所示，其内容为"我是 200.10.1.2，硬件地址是 00-17-31-A6-AC-BE，我想知道 200.10.1.5 的硬件地址"。

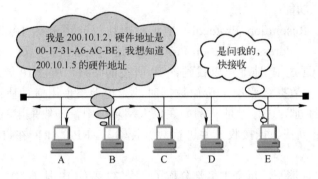

图 4-12　广播 ARP 请求

2）在本局域网上的所有主机（A、C、D、E）都收到此 ARP 请求包。

3）主机 E 在 ARP 请求包中见到自己的 IP 地址，就向主机 B 发送 ARP 响应包，在响应包中写入自己的硬件地址。其余所有的主机（A、C、D）都不会响应，如图 4-13 所示。ARP 响应包的主要内容是"我是 200.10.1.5，硬件地址是 00-19-33-A6-AC-B0"。

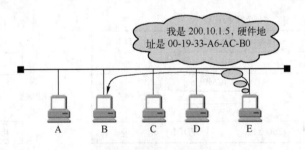

图 4-13　ARP 响应

4）主机 B 收到主机 E 发送过来的响应分组后，就在其高速缓存中写入主机 E 的 IP 地址到硬件地址的映射。写入缓存的作用是，今后主机 B 再发送数据给主机 E，就不需要再次通过 ARP 查询 E 的硬件地址，而是可以直接从主机 B 的缓存中读出 E 的硬件地址。

3. RARP 工作过程

逆向地址转换协议（RARP）允许局域网的物理机器从 RARP 服务器的 RARP 表或者缓存上请求其 IP 地址。对于一些没有磁盘的主机来说，由于其自身不能保存数据，因此网络管理员需要在局域网中的 RARP 服务器里创建一个表以映射物理地址和与其对应的 IP 地址，当某一无盘系统启动时，其 RARP 客户机程序需要向局域网中的 RARP 服务器请求相应的 IP 地址，如图 4-14 所示。

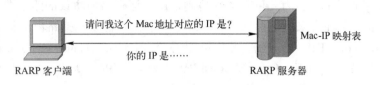

图 4-14　RARP 工作过程

具体步骤如下：

1）无盘机（RARP 客户端）发送一个本地的 RARP 广播，在此广播包中，声明自己的 Mac 地址，并且请求任何收到此请求的 RARP 服务器分配一个 IP 地址。

2）本地网段上的 RARP 服务器收到此请求后，检查其 RARP 映射表，查找该 Mac 地址对应的 IP 地址。

3）如果对应的 IP 地址存在，RARP 服务器就给源主机发送一个响应数据包并将此 IP 地址提供给对方主机使用；如果不存在，RARP 服务器对此不做任何的响应。

4）无盘机收到来自 RARP 服务器的响应信息，就利用得到的 IP 地址进行通信；如果一直没有收到 RARP 服务器的响应信息，表示初始化失败。

4.3　IP 路由技术

4.3.1　路由及其分类

IP 规定了包括逻辑寻址信息在内的 IP 数据报格式，使网络上的主机有了一个唯一的逻辑地址标识。但 IP 数据报只能告诉网络设备数据包要往何处去，还不能解决如何去的问题，而路由协议则提供了关于如何到达既定目标的路径信息。

路由是指将数据包从一个设备通过网络发往另一个处在不同网络上的设备。在 TCP/IP 协议簇的体系结构中，路由功能在网络层通过路由器实现。路由器中有一个路由表，当其所连接的一个网络上的数据分组到达路由器后，路由器根据数据分组中的目的地址，参照路由表，以最佳路径把分组转发出去。

根据路由表的生成方法，可将路由分为静态路由和动态路由两类。

所谓静态路由是指网络管理员根据其所掌握的网络连通信息以手工配置方式创建的路由表表项。这种方式要求网络管理员对网络的拓扑结构和网络状态有着非常清晰的了解，而且当网络拓扑或状态发生变化时，静态路由的更新也要通过手工方式完成。静态路由通常被用于边缘网络，即和其他网络只有一个连接点的网络。显然，当网络互连规模增大或网络中的变化因素增加时，依靠手工方式生成和维护一个路由表会变得不可想象的困难，同时静态路由也很难及时适应网络状态的变化。此时我们希望有一种能自动适应网络状态变化而对路由表信息进行动态更新和维护的路由生成方式，这就是动态路由。

动态路由是指路由协议通过自主学习而获得的路由信息，通过在路由器上运行动态路由协议，即可根据信道带宽、可靠性、延时、负载、跳数和费用等信息自动生成并维护正

59

确的路由表，还可从周边路由器获取路由信息并进行同步。使用动态路由构建的路由表不仅能更好地适应网络状态的变化，如网络拓扑和网络流量的变化，同时也减少了人工生成与维护路由表的工作量。但为此付出的代价则是用于运行路由协议的路由器之间为了交换和处理路由更新信息而带来的资源耗费。常见的动态路由协议包括路由消息协议（Routing Information Protocol，RIP）、内部网关路由协议（Interior Gateway Routing Protocol，IGRP）、最短路径优先协议（Open Shortest Path First，OSPF）等。

4.3.2 路由器工作原理

路由器是专门设计用于实现网络层路由选择和数据转发功能的网络互连设备。一个网络内部一般不需要路由器，路由器一般用于将局域网接入广域网以及多个网络互连。

路由器并不关心主机，只关心网络的位置以及通向每个网络的路径。路由器的某一个接口在收到 IP 数据包后，利用 IP 数据包中的 IP 地址和子网掩码计算出目标网络号，并将目标网络号与路由表进行匹配，即确定是否存在一条到达目标网络的最佳路径信息。若存在匹配，则将 IP 数据包重新进行封装并将其从路由器相应端口转发出去；若不存在匹配，则将相应的 IP 数据包丢弃。上述查找路由表以获得最佳路径信息的过程被称为路由器的"路由"功能，而将从接收端口进来的数据在输出端口重新转发出去的功能称为路由器的"交换"功能。"路由"与"交换"是路由器的两大基本功能。

下面举例说明路由器的工作原理。见图 4-15 所示的网络拓扑。

在该拓扑中，两个 C 类网 192.168.0.0 和 192.168.1.0 通过路由器 A 和路由器 B 相连，两个路由器之间还有一个 C 类网 200.8.20.0。在路由器的每个接口上配置了所连接网络中的 IP 地址，如表 4-3 所示。

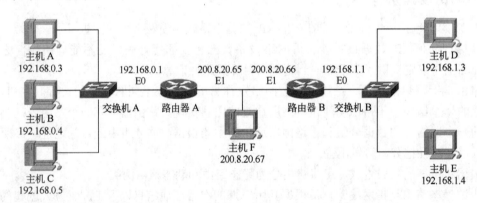

图 4-15 路由器工作原理示例拓扑

表 4-3 示例拓扑中的路由器接口 IP 配置

路　由　器	接　　口	IP
A	E0	192.168.0.1
	E1	200.8.20.65
B	E0	192.168.1.1
	E1	200.8.20.66

路由器的路由表中记录了每一个目的网络的下一跳地址和接口。例如对于路由器 A 来说，网络 192.168.0.0 和 200.8.20.0 直接连接在 E0 和 E1 口上，而网络 192.168.1.0 没有直接连接在路由器 A 上，通向网络 192.168.1.0 的下一个路由器的地址是 200.8.20.66，因此 200.8.20.66 被称为目的网络 192.168.1.0 的下一跳地址。路由器 A 的路由表如表 4-4 所示。

表 4-4　路由器 A 的路由表

路　由　器	目　的　网　络	下一跳地址	转　发　接　口
A	192.168.0.0	直连	E0
	200.8.20.0	直连	E1
	192.168.1.0	200.8.20.66	E1

同理，路由器 B 的路由表如表 4-5 所示。

表 4-5　路由器 B 的路由表

路　由　器	目　的　网　络	下一跳地址	转　发　接　口
B	192.168.1.0	直连	E0
	200.8.20.0	直连	E1
	192.168.0.0	200.8.20.65	E1

当同一网络中的主机进行数据传输时，例如图 4-15 中的 A 要发送数据给 B，由于此时 IP 数据包中源 IP 和目的 IP 在同一网络中，数据包不经过路由器而直接由交换机根据 Mac 地址表转发。

当不同网络中的主机进行数据传输时，由路由器转发 IP 数据包。路由器接收到数据包后，如果目的 IP 所在的网络是直连网络，则直接从直连网络相应的接口转发。例如主机 F 发送数据到主机 C，由于主机 F 所在的网络 200.8.20.0 和主机 C 所在的网络 192.168.0.0 不同，因此 IP 数据包首先被发送到路由器 A。路由器 A 在路由表中查询到网络 192.168.0.0 直连在 E0 口上，因此将 IP 数据包从 E0 口上转发出去。

如果目的 IP 所在的网络也不是直连网络，则根据路由表将接收到的数据包转发到下一跳地址，由下一跳地址所在的路由器继续转发。例如主机 A 发送数据到主机 D，由于主机 A 所在的网络 192.168.0.0 和主机 D 所在的网络 192.168.1.0 不同，因此 IP 数据包首先被发送到路由器 A。路由器 A 在路由表中查询到网络 192.168.1.0 的下一跳地址是 200.8.20.66，下一跳地址的接口为 E1，因此将 IP 数据包从 E1 口上转发到 200.8.20.66，200.8.20.66 所在的路由器 B 的 E1 接口接收该数据包，并根据路由器 B 的路由表将该数据包从 E0 口发送到路由器 B 的直连目的网络 192.168.1.0。

从上述路由器的工作原理可以看出，路由器的路由表中只存放目的网络的相关信息，并没有主机的信息，路由器的工作任务主要是根据一定的算法和策略决定如何将来自一个网络的 IP 数据包转发到另一个网络，而在一个网络内部则由交换机将 IP 数据包封装成数据链路层的帧，再根据交换机的 Mac 地址表转发。

4.4　应用案例

案例描述：

公司搬入两栋新楼：楼 A 和楼 B，通过租用 ISP 的一条百兆光纤专线接入 Internet，并从

ISP 处获取了 2 个公网地址，已知网络拓扑如图 4-16 所示。公司领导交给小朱一个任务：合理分配办公计算机和服务器的 IP 地址，正确配置网络设备，使所有主机能访问 Internet。

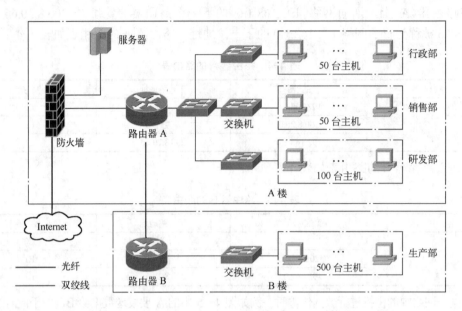

图 4-16　公司网络拓扑

案例分析：

由于目前公网 IP 使用价格较高，公司只向 ISP 支付了 2 个公网 IP 的使用费用，假设这两个 IP 为 IP1 和 IP2，可以将 IP1 配置在路由器 A 的上联口（即通向 Internet 的口）上，将 IP2 配置在服务器上便于外网访问。办公计算机可以使用私有 IP 地址，由于 A 楼共有 200 台主机，可以使用 C 类私有 IP 组成一个 C 类网，B 楼共有 500 台主机，一个 C 类网容纳不下，可以使用 B 类私有 IP 组成一个 B 类网。

网络设备中交换机一般不需配置，路由器上需要配置如下内容：

● 在路由器的每个接口上配置 IP 地址；

● 配置路由表，使 IP 包能够正确地被路由器转发；

● 由于内部使用了私有 IP，所以需配置 NAT 才能接入 Internet。

解决方案：

小朱的解决方案如下。

1）A 楼中的办公计算机使用私有地址组成一个 C 类网，B 楼中的办公计算机使用私有地址组成一个 B 类网，服务器配置 ISP 提供的公网 IP。公司 IP 规划表如表 4-6 所示。

表 4-6　公司主机 IP 规划表

地　点	主 机 数 量	IP 范围	子 网 掩 码	网 关 地 址
A 楼	200	192.168.0.2～192.168.0.254	255.255.255.0	192.168.0.1
B 楼	500	172.16.0.2～172.16.1.254	255.255.0.0	172.16.0.1
服务器	1	ISP 提供的 IP2	ISP 提供	ISP 提供

2）路由器的接口用于连接其他路由器或连接局域网，每个接口上都需要配置 IP 地址。如果该接口用于连接其他路由器，则配置的 IP 地址应为互连网段中的 IP 地址；如果该接口用于连接局域网，则配置的 IP 地址应为局域网的网关。公司路由器 A 和路由器 B 的接口 IP 配置如图 4-17 所示。

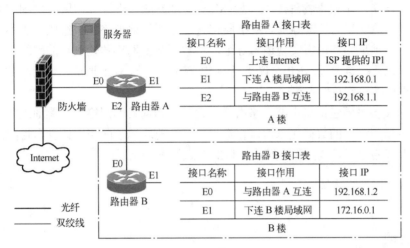

图 4-17　路由器接口 IP 配置

需要说明的是，从上图中可以看出，除了 A、B 楼两个局域网之外，在路由器 A 和路由器 B 之间还存在一个互连网段 192.168.1.0 用于连接两台路由器，该网段只使用了两个 IP 地址：192.168.1.1 配置在路由器 A 的 E2 口上，192.168.1.2 配置在路由器 B 的 E0 口上。

3）由于公司内部网络拓扑较为简单且比较稳定，因此为了提高路由器转发效率，可以使用静态路由。公司路由器 A 和路由器 B 的静态路由表配置见表 4-7。

表 4-7　静态路由表

路 由 器	目 的 网 络	下 一 跳 地 址	转 发 接 口
A	0.0.0.0	ISP 提供	E0
	192.168.0.0	直连	E1
	192.168.1.0	直连	E2
	172.16.0.0	192.168.1.2	E2
B	0.0.0.0	192.168.1.1	E0
	172.16.0.0	直连	E1

需要说明的是，目的网络为 0.0.0.0 的路由表条目被称为默认路由，即当没有找到任何匹配的路由条目时，按该路由指定的下一跳地址进行转发。例如对于路由器 A 来说，除了目的网络为内部的 3 个网段以外的 IP 数据包都被路由器 A 从 E0 口转发到 ISP 提供的下一跳地址，该地址实际上是 ISP 提供的公网地址 IP1、IP2 的网关，位于公司出口光纤的另一端。对于路由器 B 来说，除了目的网络为 172.16.0.0 以外的 IP 数据包都被路由器 B 从 E0 口转发到下一跳地址 192.168.1.1 即路由器 A。

4）由于公司内部网络使用了私有 IP 地址，私有 IP 地址在接入 Internet 时必须被转换到公有 IP 地址。因此在路由器 A 上还需要配置 NAT（网络地址转换）策略。由于路由器 A 上只有一个公网 IP 地址，而内部有数百个私有 IP 地址，因此应采取 NAT 中的端口地址转换方式。关于 NAT 技术请参考本书第 5 章相关内容。

4.5 本章小结

数据链路层实现了根据物理地址（如 Mac 地址）的物理寻址，网络层则实现了根据逻辑地址（如 IP 地址）的逻辑寻址。网络层首先通过逻辑地址将主机组成大小不同的网络，再根据指向网络地址的路由表实现逻辑寻址，将数据从源网络传输到目的网络。数据传输到目的网络内部以后，再通过 ARP 协议将目的 IP 解析为目的 Mac 地址，最后将数据交由数据链路层和物理层传输到目的主机。

网络层的设备主要包括路由器，路由器中记录了指向目的网络下一跳地址的路由表，路由器接收到一个网络层的数据包以后，根据目的 IP 地址和子网掩码计算出目的网络，并根据目的网络查找路由表将数据包转发给该目的网络的下一跳地址。

习题

一、选择题

1. 通信子网中的最高层是（　　）。

  A．物理层　　　　　B．数据链路层　　　　C．网络层　　　　　D．传输层

2. 网络层的功能不包括（　　）。

  A．路由选择　　　　B．网络互联　　　　　C．拥塞控制　　　　D．物理寻址

3. 关于 IP 地址说法错误的是（　　）。

  A．IP 地址长度为 32 位

  B．每台主机的 IP 地址是固定的

  C．IP 地址分为网络号和主机号两部分

  D．根据 IP 地址可以知道其所在的网络地址

4. 176.3.23.54 属于（　　）类 IP 地址。

  A．A　　　　　　　B．B　　　　　　　　C．C　　　　　　　D．D

5. 222.23.4.78 所在网络的网络地址是（　　），广播地址是（　　）。

  A．222.23.0.0　　　B．222.23.4.0　　　　C．222.23.255.255　　D．222.23.4.255

6. B 类网络默认子网掩码是（　　）。

  A．255.0.0.0　　　 B．255.255.0.0　　　 C．255.255.255.0　　 D．255.255.255.255

7. 子网掩码 255.255.255.240 将 IP 地址 200.1.2.35 所在的网络划分为（　　）个子网。

  A．4　　　　　　　B．8　　　　　　　　C．16　　　　　　　D．32

8. 下列 IP 地址中，和上题中的 IP 属于同一子网的是（　　）。

  A．200.1.2.31　　　B．200.1.2.41　　　　C．200.1.2.51　　　 D．200.1.2.61

9. IPv6 的地址长度为（　　）位。

  A．32　　　　　　 B．48　　　　　　　　C．64　　　　　　　D．128

10. 关于路由器说法错误的是（　　）。

  A．路由器工作在网络层

B．路由器根据路由表和目的 IP 计算下一跳地址和转发接口

C．路由表可采用静态配置的方式，也可采用动态生成的方式

D．路由器接收和转发数据的单位为帧

二、简答题

1．某公司内部采用 192.168.0.1～192.168.0.255 C 类私有地址段。若想划分为 8 个子网，应如何设置子网掩码？划分后每个子网的 IP 地址范围是多少？划分后共可容纳多少台主机？

2．ARP 的作用是什么？简述其工作原理。

3．已知某路由器的路由表如下。

目 的 网 络	下一跳地址	转 发 接 口
192.168.0.0	直连	E0
192.168.1.0	直连	E1
200.3.4.0	200.3.4.1	E0
166.8.0.0	166.8.0.1	E1

若接收到一个目的 IP 为 200.3.4.42 的 IP 数据包，则该 IP 数据包将被从哪个接口转发？为什么？

第5章 传 输 层

学习目标：

1. 理解传输层功能、端口的概念及主要协议；
2. 掌握 TCP 协议和 UDP 协议的异同；
3. 了解 TCP 连接的建立过程及可靠性机制；
4. 理解 NAT 技术原理及其应用。

建议实训：

实训 10：传输层数据抓包分析
实训 11：NAT 技术

5.1 传输层概述

5.1.1 传输层及其功能

通过前面的学习我们知道，物理层可以在链路上透明地传输比特流，数据链路层使得相邻节点所构成的链路能够传输无差错的帧，网络层提供路由选择、网络互连等功能。而对于用户进程来说，希望得到的是端到端的服务，而不关心数据是如何传输的，传输层主要功能就是建立应用间的端到端连接。

综上所述，通常又将 OSI 模型中的下面三层称为面向通信子网的层，而将传输层及以上的各层称为面向资源子网或主机的层。只有资源子网中的终端设备才会具有传输层，通信子网中的设备至多只具备 OSI 下面三层的功能即通信功能，见图 5-1 所示。

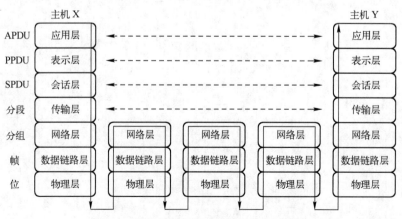

图 5-1　通信子网和资源子网中的分层结构

66

传输层是 OSI 参考模型的第 4 层，它提供了端到端（end-to-end）的信息传递。传输层的最终目标是向其用户（应用层的进程）提供有效、可靠的服务。也可以这样理解，作为资源子网中的端用户是不可能对通信子网内部加以直接控制的，即端用户无法对网络中间的某个节点设备控制，无法决定节点和节点之间的路由，也不能保证数据在通信子网内部传输的可靠性。因此只能依靠在自己主机上所增加的这个传输层来检测分组的丢失或数据的残缺并采取相应的措施，从而保障数据端到端传递的可靠性。

具体来说，传输层具有以下功能和特点：

1）传输层只在两端（发送端和接收端）存在，因此传输层的功能和实现与当前使用的网络无关，传输层也不管理或干涉数据在网络中传输的路径和过程。

2）传输层负责操作系统各进程和通信子网之间的接口，即通过传输层将操作系统的不同进程在通信子网中传输的数据加以区分，从而保证在接收端接收的数据能正确地发送到各进程。

3）传输层提供端到端的错误恢复与流量控制，能对网络层出现的丢包、乱序或重复等问题作出反应。

4）提供数据分段功能，从而便于丢包重传并减少网络阻塞的概率。当上层的协议数据包的长度超过传输层所能承载的最大数据传输单元时，要提供必要的分段功能，在接收方的对等层还要提供合并分段的功能。

综上所述，传输层不仅有存在的必要，它还是 OSI 七层模型中非常重要的一层，起到承上启下的不可或缺的作用。

5.1.2　传输层端口

在网络技术中，端口（port）包括物理端口和逻辑端口。

集线器、交换机、路由器的端口指的是连接其他网络设备的接口，如双绞线端口、光纤端口等；计算机主板的端口指的是主机连接外设的端口，如并口、串口、USB 口、键盘鼠标口等。这些都是物理端口。

传输层端口则是逻辑意义上的端口，它和物理接口没有关系，只是网络通信进程的一种标识，属于一种抽象的软件结构，包括一些数据结构和 I/O（输入输出）缓冲区。

我们知道，现在的操作系统都是多进程操作系统，即可以同时运行多个进程，这些进程中可能有一部分需要同时访问网络，那么如何区别不同进程通过网络发送和接收的数据呢？显然不能只靠 IP 地址，因为 IP 地址与网络进程的关系是一对多的关系，实际上是通过"IP地址+端口号"（也叫套接字（socket））来区分不同的网络进程的。同一 IP 上的不同进程通过打开不同的端口，与别的主机建立连接，发送或接收数据。

端口在传输层的作用有点类似 IP 地址在网络层作用或 Mac 地址在数据链路层的作用，只不过 IP 地址和 Mac 地址标识的是主机，而端口标识的是网络进程。由于同一时刻一台主机上会有大量的网络进程在运行，所以需要有大量的端口号来标识不同的进程。

端口的工作过程如下：应用程序调入内存运行即成为进程，进程通过系统调用与某传输层端口建立绑定后，相应进程发给传输层的数据也都从该端口输出；当目的主机接收到传输层分组数据包后，将根据报文头部的目的端口号，把数据发送到相应端口，而与此端口相对应的那个进程将会读取数据并等待下一组数据的到来。

每个端口都有一个端口标识，一般称为端口号，其长度为 16bit，也就是说在一个 IP 上可以定义 2^{16}=65536 个端口，其端口号范围为 0～65535。由于 TCP/IP 传输层的 TCP 和 UDP 两个协议是两个完全独立的软件模块，因此各自的端口号也相互独立，即各自可独立拥有 2^{16} 个端口。例如 TCP 有 132 号端口，UDP 也可以有 132 端口，两者并不冲突。

每个 IP 上的 65536 个端口又被分为两部分：静态端口和动态端口。

静态端口的范围是 0～1023，又称为固定端口。它们一般位于应用层协议的服务器端，用于紧密绑定于一些服务。通常打开一个静态端口表明该主机在该端口上提供了一个应用层的服务，可以接收客户端的请求并发送服务器端的响应。由于服务器端作为提供服务的一方需要一个相对固定的访问方式，因此其打开的端口相对固定，否则客户端就不知道访问服务器端的哪个端口。例如，Web 网站在应用层使用 HTTP，HTTP 在服务器端默认打开 80 端口，这是一个静态端口。常用的静态端口如表 5-1 所示。

表 5-1　常用静态端口表

应用层协议	传输层协议	传输层端口
FTP（文件传输协议）	TCP	21
SSH（安全 Shell 服务）		22
Telnet（远程登录协议）		23
SMTP（简单邮件传输协议）		25
HTTP（超文本传输协议）		80
POP3（邮局协议版本 3）		110
DNS（域名解析服务）	UDP	53
TFTP（小文件传输协议）		110
SNMP（简单网络管理协议）		161

动态端口的范围是 1024～65535，又称为随机端口。它们一般位于应用层协议的客户端，用于动态地分配给一个客户端进程。通常打开一个动态端口表明该主机在该端口上有一个进程要访问网络，可以发送请求并接收服务器端的响应。由于客户端进程是主动访问服务器端进程的，因此并不需要固定的端口，只需随机打开一个动态端口即可。正如买东西的人是流动的，而卖东西的人往往相对固定在一个地方。例如，客户端浏览器访问某一个 Web 网站，使用 2434 端口访问对方的 80 端口，关闭浏览器后再打开访问同一网站，可能使用另一个 34226 端口访问对方的 80 端口，因此这种端口被称为动态端口或随机端口。

传输层端口结构如图 5-2 所示。

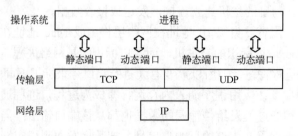

图 5-2　传输层端口结构

思考：为什么应用层的服务器端一般使用静态端口而客户端使用动态端口？

在 Windows 操作系统中，可以在命令提示符中使用 netstat -an 命令查看本机所开放的端口，如图 5-3 所示。显示结果中的列 Proto 表示端口所属的协议名（TCP/UDP），列 Local Address 表示本机 IP 地址和打开的端口号，列 Foreign Address 表示所连接的对端 IP 地址和打开的端口号，列 State 表示状态（LISTENING 监听/ESTABLISHED 已连接/SYN_SENT 请求连接/SYN-RECEIVED 接收请求/LAST_ACK 确认连接/TIME-WAIT 等待/CLOSE_WAIT 等待关闭/CLOSED 关闭等）。

```
C:\Documents and Settings\Administrator>netstat -an

Active Connections

  Proto  Local Address          Foreign Address        State
  TCP    0.0.0.0:21             0.0.0.0:0              LISTENING
  TCP    0.0.0.0:80             0.0.0.0:0              LISTENING
  TCP    0.0.0.0:135            0.0.0.0:0              LISTENING
  TCP    0.0.0.0:443            0.0.0.0:0              LISTENING
  TCP    0.0.0.0:445            0.0.0.0:0              LISTENING
  TCP    0.0.0.0:1025           0.0.0.0:0              LISTENING
  TCP    0.0.0.0:3389           0.0.0.0:0              LISTENING
  TCP    0.0.0.0:7909           0.0.0.0:0              LISTENING
  TCP    0.0.0.0:9000           0.0.0.0:0              LISTENING
  TCP    127.0.0.1:1026         0.0.0.0:0              LISTENING
  TCP    127.0.0.1:1050         127.0.0.1:1051        ESTABLISHED
  TCP    127.0.0.1:1051         127.0.0.1:1050        ESTABLISHED
  TCP    127.0.0.1:9000         0.0.0.0:0              LISTENING
  TCP    127.0.0.1:62522        0.0.0.0:0              LISTENING
  TCP    222.184.16.213:135     61.164.87.181:2151    TIME_WAIT
  TCP    222.184.16.213:135     222.184.12.216:61404  ESTABLISHED
  TCP    222.184.16.213:139     0.0.0.0:0              LISTENING
  UDP    0.0.0.0:161            *:*
  UDP    0.0.0.0:445            *:*
  UDP    0.0.0.0:1036           *:*
  UDP    0.0.0.0:1044           *:*
```

图 5-3　netstat -an 命令查看本机开放端口

从图 5-3 可以看出，本机端口 21、80、135、443 等端口被打开，处于监听状态，说明此时没有其他主机访问这些端口；本机端口 1050、1051、135 等端口处于已建立连接状态，说明此时存在其他主机访问这些端口。

如果该主机此时访问 http://www.baidu.com 或者 http://119.75.217.109，由于 www.baidu.com 对应的 IP 为 119.75.217.109，使用 netstat -an 命令可以看到本机 5218 端口连接了 119.75.217.109 的 80 端口，如图 5-4 所示。说明此时该 TCP 连接的客户端使用了动态端口 5218，服务器端使用了静态端口 80。

```
  TCP    210.29.228.97:5218     119.75.217.109:80      ESTABLISHED
```

图 5-4　访问 www.baidu.com 时打开的端口

在 Windows 操作系统中，还可使用 netstat -ano 命令查看本机开放端口及其对应的操作系统进程，见图 5-5。图中 PID 列表示打开该端口的进程号，对照 Windows 任务管理器可以知道打开该端口的进程名称，见图 5-6。例如该主机的端口 21 和端口 80 被进程 1876 即 INETINFO.exe（即 IIS）打开。如果在 Windows 任务管理器中看不到 PID 列，需要在 Windows 任务管理器的"查看"菜单中选择"选择列"菜单项，在其中选中"PID（进程标识符）"选项，见图 5-7。

```
C:\Documents and Settings\Administrator>netstat -ano

Active Connections

  Proto  Local Address          Foreign Address        State           PID
  TCP    0.0.0.0:21             0.0.0.0:0              LISTENING       1876
  TCP    0.0.0.0:80             0.0.0.0:0              LISTENING       1876
  TCP    0.0.0.0:135            0.0.0.0:0              LISTENING       1172
  TCP    0.0.0.0:443            0.0.0.0:0              LISTENING       1876
  TCP    0.0.0.0:445            0.0.0.0:0              LISTENING       4
  TCP    0.0.0.0:1025           0.0.0.0:0              LISTENING       1876
  TCP    0.0.0.0:3389           0.0.0.0:0              LISTENING       1108
  TCP    0.0.0.0:7909           0.0.0.0:0              LISTENING       388
  TCP    0.0.0.0:9000           0.0.0.0:0              LISTENING       2232
  TCP    127.0.0.1:1026         0.0.0.0:0              LISTENING       1316
  TCP    127.0.0.1:1050         127.0.0.1:1051         ESTABLISHED     2232
  TCP    127.0.0.1:1051         127.0.0.1:1050         ESTABLISHED     2232
  TCP    127.0.0.1:9000         0.0.0.0:0              LISTENING       2232
  TCP    127.0.0.1:62522        0.0.0.0:0              LISTENING       1492
  TCP    222.184.16.213:139     0.0.0.0:0              LISTENING       4
  TCP    222.184.16.213:445     222.184.7.166:1703     ESTABLISHED     4
  TCP    222.184.16.213:2891    222.184.16.210:139     TIME_WAIT       0
  UDP    0.0.0.0:161            *:*                                    1924
```

图 5-5　netstat -ano 命令查看本机开放端口及对应进程

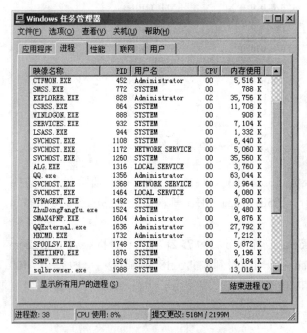

图 5-6　使用任务管理器查看进程 PID

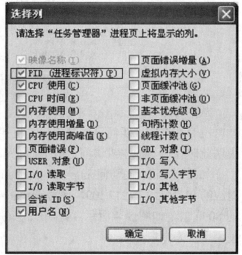

图 5-7　在任务管理器中显示 PID 列

除了 netstat 命令，还可以使用 Fport 和 Winscan 等工具查看主机的端口状态。

5.1.3　传输层协议

在 TCP/IP 协议簇中，传输层只有两种协议：TCP 和 UDP，TCP 和 UDP 都实现了端到端的数据分段和传输功能，区别在于 TCP 在传输数据之前需要在发送方和接收方之间建立连接，并且提供了多种机制保证了数据传输的可靠性；而 UDP 在传输数据之前不需要建立连接，也不保证数据传输的可靠性，但其传输效率比 TCP 更高。下面对这两种协议进行详细讲解。

5.2　TCP

5.2.1　TCP 格式

TCP（Transfer Control Protocol，传输控制协议）提供面向连接的、可靠的端到端传输服务。在 TCP/IP 体系中，采用 TCP 传输的协议数据单元称为 TCP 报文段，简称段（segment）。TCP 将数据流看作字节的序列，其将从用户进程所接收任意长的数据，分割成长度不超过 64KB（包括 TCP 头在内）的段，以适合 IP 数据包的载荷能力。所以对于一次传输要交换大量报文的应用（如文件传输、远程登录等），往往需要以多个分段进行传输。

TCP 发送和接收报文（段）的过程如图 5-8 所示。

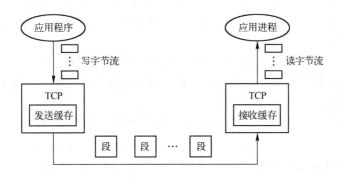

图 5-8　发送和接收 TCP 报文（段）

TCP 报文（段）的格式如图 5-9 所示。

0	15 16	31
源端口（Source Port）	目的端口（Destination Port）	
序列号（Sequence Number）		
确认号（Acknowledge Number）		
数据偏移（Data Offset）　保留（Reserved）　URG ACK PSH RST SYN FIN	窗口（Window）	
校验和（Checksum）	紧急指针（Urgent Pointer）	
选项（Option）	填充（Padding）	
数据（Data）		

图 5-9　TCP 报文（段）格式

TCP 报文（段）格式由多个字段组成，各字段说明如下。

源端口（Source Port）：长度为 16 位，表示发送端端口号。

目的端口（Destination Port）：长度为 16 位，表示接收端端口号。

序列号（Sequence Number）：长度为 32 位，表示该报文（段）在发送方的数据流中的位置。

确认号（Acknowledge Number）：长度为 32 位，表示期望收到的下一个段的第一个字节，并声明此前的所有数据已经正确无误地收到，因此，确认号应该是上次已成功收到的数据字节序列号加 1，收到确认号的源主机会知道特定的段已经被收到。确认号字段只在 ACK 标志被设置时才有效。

数据偏移（Data Offset）：长度为 4 位，又称为头部长度。由于 TCP 头部可能含有选项内容，因此头部的长度是不确定的。该 4 位数据表示的值以 32 位字长为单位。当没有使用选项和填充字段时，TCP 的头部长度是 20 字节（即 5×32bit），此时报文的数据偏移字段 4 位数据值为 0101（即十进制值 5），假如某 TCP 报文使用了选项和填充字段，其头部的长度为 6×32bit，则该报文的数据偏移字段 4 位数据值为 0110（即十进制值 6）。该字段实际上也指示了数据区在报文段中的起始偏移值。

保留（Reserved）：长度为 6 位，一般为全 0 值，为将来定义新的用途保留。

控制位（Control Bits）：长度为 6 位，每一控制位可以打开或关闭一个控制功能。具体每一位控制功能如下。

- URG（Urgent Pointer Field Significant，紧急指针字段标志）：长度为 1 位，表示 TCP 包的紧急指针字段有效，用来保证 TCP 连接不被中断，并且督促中间设备尽快处理这些数据；
- ACK（Acknowledge Field Significant，确认字段标志）：长度为 1 位，取 1 时表示应答字段有效，也即 TCP 应答号将包含在 TCP 段中，为 0 则反之；
- PSH（Push Function，推功能）：长度为 1 位，这个标志表示 Push 操作。所谓 Push 操作就是指在数据包到达接收端以后，立即送给应用程序，而不是在缓冲区中排队；
- RST（Reset the Connection，重置连接）：长度为 1 位，这个标志表示连接复位请求，用来复位那些产生错误的连接，也被用来拒绝错误和非法的数据包；
- SYN（Synchronize Sequence Numbers，同步）：长度为 1 位，表示同步序号，用来建立连接；
- FIN（No More Data from Sender，结束）：长度为 1 位，表示发送端已经发送到数据末尾，数据传送完成，发送 FIN 标志位的 TCP 段，连接将被断开。

窗口（Window）：长度为 16 位，目的主机使用该字段告诉源主机它期望每次收到的数据的字节数。

校验和（Checksum）：长度为 16 位，在接收端根据该字段对接收的数据进行错误检查和纠正。

紧急指针（Urgent Pointer）：长度为 16 位，可选，指向段内的最后一个字节位置，这个字段只在 URG 标志被设置时才有效。

任选项（Option）：长度可变，可选，提供一种增加额外设置的方法，如最大 TCP 分段大小的约定。

填充（Padding）：长度可变，可选，当任选项字段长度不足 32 位字长时，需要加以填充。

数据（Data）：来自高层即应用层的数据。

5.2.2 TCP 连接建立和拆除过程

1. TCP 连接建立

TCP 为了保障线路的可靠性，采用虚电路连接方式进行工作，在发送数据前需要在发送方和接收方之间建立一个连接，然后从应用层程序中接收数据并进行传输。

TCP 连接的建立采用客户端/服务器端（C/S）方式。服务器端运行服务器进程，使服务器端 TCP 端口打开，处于"侦听"状态，准备接收客户进程的请求。客户端运行客户端进程，使客户端 TCP 端口打开，准备向某个服务器的某个端口建立连接。整个连接过程需要发送和接收 3 个特定格式的 TCP 数据包，一般被称为三次握手，如图 5-10 所示。

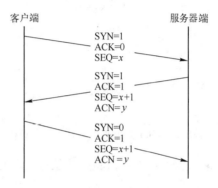

图 5-10 TCP 建立连接的三次握手过程

（注：图中 SEQ 表示 Sequence Number，ACN 表示 Acknowledge Number）

三次握手具体过程如下。

第 1 次握手（客户端请求连接）：客户端向服务器端发出连接请求段，其头部中的控制位 SYN（同步）置为 1，控制位 ACK（确认）置为 0，同时将 Sequence Number（序列号）置为 x，表明在后续传送的数据第 1 个数据字节的序号是 x。

第 2 次握手（服务器端确认连接）：服务器端收到连接请求段后，如同意，则发回确认，将控制位 SYN（同步）和 ACK（确认）都置为 1，将 Sequence Number（序列号）置为 $x+1$，同时也为自己选择一个 Acknowledge Number（确认序号）置为 y。

第 3 次握手（客户端确认连接）：客户端收到此段后，还要向服务器端给出确认，其头部中的控制位 SYN（同步）置为 0，控制位 ACK（确认）置为 1，Sequence Number（序列号）置为 $x+1$，Acknowledge Number（确认序号）置为 y。

通过二次握手成功完成 TCP 连接后，表明客户端和服务器端都已准备好，并且数据传输链路可用，接下来就可以传输有效数据。并且不管哪一方先发起连接请求，一旦连接建立，就可以实现全双向的数据传送，而不存在主从关系。

思考一下为何 TCP 建立连接的过程如此复杂，这主要是由于在拥塞的网络中，确认可能不能及时返回，此时每个分组由于在规定时间内得不到确认而需要重发两次或三次，每个分组又拥有不同的路由，一些分组可能会因网络内部线路拥塞，被存储在某个路由器里，需要很长一段时间才能到达。因此需要给每个握手报文设定序号和状态，在建立连接时双方要商定初始序号，并通过控制位显示当前的握手状态。

2．TCP 连接拆除

数据传输完成后，还要进行 TCP 连接的拆除或关闭。由于 TCP 连接是全双工的，可以看作两个不同方向的单工数据流传输，因此一个完整连接的拆除涉及两个单向连接的拆除。拆除连接的握手过程分为 4 步，以客户端向服务器端发送拆除请求为例，具体过程如图 5-11 所示（服务器端向客户端发送拆除请求步骤类似，仅方向相反）。

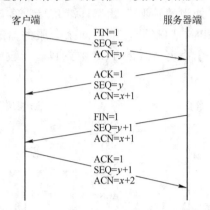

图 5-11　TCP 拆除连接的四次握手过程

第 1 次握手（客户端请求关闭）：客户端将发往服务器端的段头部控制位 FIN（终止）置 1，其 Sequence Number（序列号）置为 x，x 等于前面已传送过的数据的最后一个字节的序号加 1，其 Acknowledge Number（确认号）置为 y。

第 2 次握手（服务器端确认关闭）：服务器端收到释放连接请求后即发出确认，其段头部控制位 ACK（确认）置为 1，Acknowledge Number（确认号）置为 $x+1$，同时通知高层应用进程。这样，从客户端到服务器端的连接就释放了，连接处于半关闭状态，客户端仍可接收数据。

第 3 次握手（服务器端请求关闭）：在服务器端向客户端发送信息结束后，其应用进程就通知 TCP 释放连接，服务器端发出的连接释放段头部将控制位 FIN（终止）置为 1，并使其 Sequence Number（序列号）等于前面已传送过的数据的最后一个字节的序号加 1，还必须重复上次发送过的 Acknowledge Number（确认号）为 $x+1$。

第 4 次握手（客户端确认关闭）：客户端必须对收到的段发出确认，将控制位 ACK（确认）置为 1，Acknowledge Number（确认号）置为 $x+2$，从而释放服务器端方向的连接。

5.2.3　TCP 可靠性传输机制

TCP 采用了许多机制来保证可靠的数据传输，主要包括序列号、确认重传机制、滑动窗口机制等。

1．序列号

TCP 发送端要为所发送的每一个分段加上序列号（Sequence Number），保证每个分段能被接收端接收，并只被正确地接收一次。

2. 确认重传

接收端在正确收到发送端数据分段之后向发送端回送一个确认信息，如发送方收不到此确认信息将认为此数据丢失，并重新发送此数据。

当发送端发送一个段时，它同时也在自己的重传队列中存放一个副本，若收到确认，则删除此副本，若在计时器时间到之前还未收到确认，则重传此报文的副本。为了避免由于网络延迟引起迟到的确认和重复的确认，TCP 规定在确认信息中捎带一个分段确认号（Acknowledge Number），使接收方能正确地将分段与确认联系起来。其工作过程如图 5-12 所示。

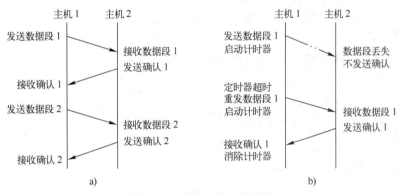

图 5-12　TCP 确认重传机制

a) 确认机制　b) 重传机制

3. 滑动窗口

滑动窗口（Sliding window）是一种流量控制技术。早期的网络通信中，通信双方不会考虑网络的拥挤情况直接发送数据。由于大家不知道网络拥塞状况，如果一起发送数据，则会导致中间节点阻塞掉包，谁也发不了数据。所以就有了滑动窗口机制来解决此问题。滑动窗口的大小意味着接收方还有多大的缓冲区可以用于接收数据，发送方可以通过滑动窗口的大小来确定应该发送多少字节的数据。在 TCP 段头部的窗口（Window）字段写入的数值就是滑动窗口的大小，其单位为字节。当滑动窗口为 0 时，发送方一般不能再发送数据。但有两种情况除外，一种情况是可以发送紧急数据，例如，允许用户终止在远端机上的运行进程；另一种情况是发送方可以发送一个 1 字节的数据报来通知接收方重新声明它希望接收的下一字节及发送方的滑动窗口大小。

滑动窗口工作过程如下：

1）TCP 连接阶段，双方协商窗口尺寸，同时接收方预留数据缓存区。

2）发送方根据协商的结果，发送符合窗口尺寸的数据字节流，并等待对方的确认。

3）发送方根据确认信息，改变窗口的尺寸，增加或者减少发送未得到确认的字节流中的字节数。调整过程包括：如果出现发送拥塞，发送窗口缩小为原来的一半，同时将超时重传的时间间隔扩大一倍。

滑动窗口机制为端到端设备间的数据传输提供了可靠的流量控制机制。然而，它只能在源端设备和目的端设备起作用，当网络中间设备（如路由器等）发生拥塞时，滑动窗口机制将不起作用。

5.3 UDP

UDP（User Datagram Protocol，用户数据报协议）是非连接的、不可靠的端到端传输层协议，只提供一种基本的、低延迟的被称为数据报的通信。

UDP 传输数据之前不需要在发送方和接收方之间建立连接，只是简单地将数据从发送方的端口发送到网络层，由网络层实现点到点的传输。因此，UDP 不能保证数据传输线路的可用性，在传输的过程中线路可能中断，数据也可能丢失；UDP 中没有序列号字段，因此 UDP 不具备把乱序到达的数据段重新排列的功能；UDP 也没有确认重传机制，因此数据丢失后发送端也无法知晓，更谈不上重传丢失数据，在接收端发现数据丢失后，只能通过应用层主动要求重传数据。

UDP 报文（段）格式如图 5-13 所示，其头部格式较简单，长度只有 8 个字节。

图 5-13　UDP 报文（段）格式

UDP 的不可靠并不代表 UDP 是毫无用处的或者 UDP 不如 TCP 好，恰恰相反，没有和 TCP 一样的复杂头信息，各种设备处理 UDP 数据报的时间将会大大缩短，效率比 TCP 要高得多。

由于 UDP 传输的高效性，UDP 往往被用于那些对实时性要求较高的应用，例如 IP 电话、实时视频会议以及 DNS（域名解析）等，而 TCP 往往被用于那些对数据可靠性要求较高的应用，如 Telnet（远程控制）以及 FTP（文件传输）等。再如腾讯 QQ 在客户端打开并和服务器端建立连接的过程使用 TCP，而发送消息的过程使用的是 UDP。

5.4　NAT 技术

5.4.1　NAT 概述

NAT（Network Address Translation，网络地址转换）是指将用户端的某个 IP 地址（又称本地地址）或其端口转换为另一个 IP 地址（又称全局地址）或其端口的技术，NAT 技术还能够有效地避免来自网络外部的攻击，隐藏并保护网络内部的计算机。

NAT 一般在私有地址和公有地址之间转换，私有地址（10.0.0.0~10.255.255.255、172.16.0.0～172.16.255.255、192.168.0.0~192.168.255.255）使用时不需向 IP 地址管理部门申请即可直接使用，不同的局域网中可以使用相同的私有 IP 地址。正是由于私有 IP 地址的非唯一性，私有地址只能用于内部私有网络中，不能直接接入 Internet。如果要想让私有地址也能够接入 Internet，必须将私有 IP 地址转换成公有 IP 地址，这个转换过程就被称为 NAT。

目前大多数的路由器都具备 NAT 功能，典型拓扑如图 5-14 所示。路由器在工作过程中会建立一张 NAT 表，根据 NAT 表将内部终端的 IP 或端口映射到路由器上联口（即通向 Internet 的接口）的可用 IP 或端口。

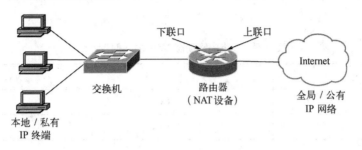

图 5-14　NAT 典型拓扑

5.4.2　NAT 分类

NAT 有 3 种类型：静态 NAT（Static NAT）、动态 NAT（Pooled NAT）、端口 NAT（Network Address Port Translation）。

1. 静态 NAT

静态地址转换是最简单的一种转换方式，它在本地/私有地址和全局/公有地址之间建立一个固定的一对一的映射。

一个 NAT 设备可以同时实现多条静态 NAT，并且每一条 NAT 都需要管理员手工配置，例如某路由器的 NAT 表如表 5-2 所示，其中第一条静态 NAT 将内部的私有地址 192.168.1.3 映射为外部的公有地址 202.3.34.68，即使设备 192.168.1.3 未上线，202.3.34.68 也不能映射到其他的内部设备。

表 5-2　某路由器静态 NAT 表

本 地 地 址	全 局 地 址	NAT 类型
192.168.1.3	202.3.34.68	静态
192.168.1.4	202.3.34.69	静态

2. 动态 NAT

动态地址转换是较灵活的一种转换方式，它在本地/私有地址和全局/公有地址之间建立一个动态的映射。实现动态 NAT 必须先建立一个全局地址池，由 NAT 设备从全局地址池中选择一个未使用的地址对本地地址进行转换。

例如某公司从运营商处购买了 6 个公有 IP 地址：202.3.34.66～202.3.34.71，用这 6 个 IP 地址建立一个全局地址池。公司内部有 10 台主机，配置私有地址 192.168.1.2～192.168.1.11。这 10 台主机在公司内部都可以互相访问，但要访问 Internet 必须从全局地址池中选择一个公有地址进行动态 NAT，因为最多只能建立 6 条动态 NAT 记录，所以同时最多只能有 6 台主机能够访问 Internet。

动态 NAT 映射不需要管理员手工配置，而是本地地址连接 Internet 时动态生成，并在连接终止时被收回。例如某路由器的在时刻 1 时的 NAT 表如表 5-3 所示,其中有两条动态 NAT。后来 192.168.1.5 访问 Internet,路由器自动增加一条动态 NAT 将其映射到 202.3.34.70;然后 192.168.1.3 下线,全局地址 202.3.34.68 被收回到地址池中;接着 192.168.1.6 上线映射到被收回的地址 202.3.34.68,因此时刻 2 时路由器的 NAT 表如表 5-4 所示。

表 5-3 某路由器动态 NAT 表(时刻 1)

本 地 地 址	全 局 地 址	NAT 类型
192.168.1.3	202.3.34.68	动态
192.168.1.4	202.3.34.69	动态

表 5-4 某路由器动态 NAT 表(时刻 2)

本 地 地 址	全 局 地 址	NAT 类型
192.168.1.6	202.3.34.68	动态
192.168.1.4	202.3.34.69	动态
192.168.1.5	202.3.34.70	动态

3. 端口 NAT

网络地址端口转换(简称端口 NAT)是目前使用最多的一种 NAT,它将本地/私有地址的端口映射到全局/公有地址的端口,可以是静态映射也可以是动态映射。由于一个 IP 上有 65535 个 TCP 和 UDP 端口,因此端口 NAT 可以将多个本地地址的端口映射到同一个全局地址的端口。

例如某公司从运营商处仅购买了 1 个公有 IP 地址:202.3.34.66,公司内部有 10 台主机,配置私有地址 192.168.1.2~192.168.1.11,需要同时访问互联网。如果使用静态 NAT 和动态 NAT 都无法实现,因此必须使用端口 NAT。例如某时刻路由器上的 NAT 表如表 5-5 所示,其中有两条自动生成的动态的端口 NAT:192.168.1.3 访问 Internet 的 TCP 2311 端口被映射到 202.3.34.66 的 4500 端口,192.168.1.4 访问 Internet 的 UDP 5672 端口被映射到 202.3.34.66 的 4501 端口;还有一条管理员手工配置的静态的端口 NAT,这是由于 192.168.1.11 是公司内部的一台 Web 服务器,需要经常被 Internet 的用户访问,因此将其 TCP 80 端口映射到 202.3.34.66 的 80 端口,由于 80 为 HTTP 的默认端口,这样 Internet 上的用户就可以通过 http://202.3.34.66 来访问公司的 Web 服务器。

表 5-5 某路由器端口 NAT 表

本 地 地 址	本地端口	全局地址	全局端口	端口类型	NAT 类型
192.168.1.3	2311	202.3.34.66	4500	TCP	端口 NAT(动态)
192.168.1.4	5672	202.3.34.66	4501	UDP	端口 NAT(动态)
192.168.1.11(服务器)	80	202.3.34.66	80	TCP	端口 NAT(静态)

5.5 应用案例

案例描述：

公司领导发现近期网络较慢，交给小朱一项任务：分析当前网络较慢的原因并提出解决方案。

当前公司的网络拓扑如图 5-15 所示，其中 A 楼中的所有主机在 C 类网 192.168.0.0 中，B 楼中的所有主机在 B 类网 172.16.0.0 中，没有划分子网。内部所有光纤和双绞线均为百兆速率，公司通过租用 ISP 的一条百兆光纤专线接入 Internet。

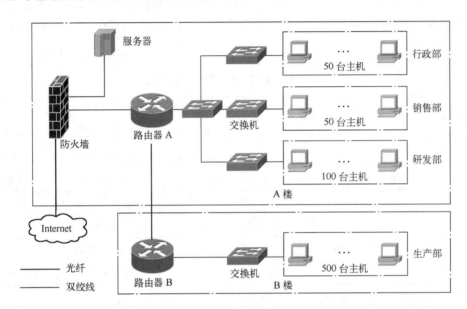

图 5-15　公司网络拓扑

案例分析：

如个别计算机网速较慢，则很可能是该计算机中了病毒或木马导致的系统资源不足，如果整个网络中的计算机普遍网速较慢，则常见原因包括：

- 网络内蠕虫等病毒大规模爆发；
- 网络中存在环路且没有正确配置；
- 防火墙过滤策略过多影响出口速度；
- 网络过大导致广播包过多而降低网络性能；
- 网络设备硬件故障引起的广播风暴；
- 出口线路或内部骨干线路带宽不足；
- 个别计算机建立了过多的连接数，或占用了过多的带宽。

应针对实际情况进行具体分析，并提出相应的解决方案。

小朱经过检查发现，公司的计算机普遍网速较慢，因此不是个别计算机的问题，而是整个网络出现了一定的问题。通过杀毒软件检查以及交换机 CPU 负载检查没有发现蠕虫病毒（该病毒一般会显著提高交换机 CPU 负载），通过检查交换机日志没有在网络中发现环路

（环路产生时交换机中会有记录）；防火墙配置较为简单，且移除防火墙后网速没有提高，因此也排除了防火墙的问题。通过查看交换机接口的数据包统计信息，发现网内广播包数量较多。通过查看防火墙，发现总 TCP 连接数较大（状态检测防火墙会记录所有经防火墙的 TCP 连接，参见第 9.1.3 节）。因此小朱认为公司网速慢的原因应该有可能存在于上述后 3 项中，并提出相应的解决方案。

解决方案：

小朱的解决方案如下。

1）划分子网以减少广播包数量。由于 A 楼约 200 台计算机在同一网络中，B 楼约 500 台计算机在同一网络中，因此当进行 ARP 解析、DHCP 请求或发生网卡故障等情况下，会产生大量广播包而影响网络性能。因此小朱打算按表 5-6 所示，划分出 7 个子网以减少广播包数量。

表 5-6　公司子网划分表

楼宇	子网序号	部门	主机数量	子网 IP 可用范围	子网掩码	网关地址
A 楼	1	行政部	50	192.168.0.2～192.168.0.62	255.255.255.192	192.168.0.1
	2	销售部	50	192.168.0.66～192.168.0.126	255.255.255.192	192.168.0.65
	3	研发部	100	192.168.0.130～192.168.0.254	255.255.255.192	192.168.0.129
B 楼	4	生产部	125	172.16.0.2～172.16.0.126	255.255.255.128	172.16.0.1
	5		125	172.16.0.130～172.16.0.254	255.255.255.128	172.16.0.129
	6		125	172.16.1.2～172.16.1.126	255.255.255.128	172.16.1.1
	7		125	172.16.1.130～172.16.1.254	255.255.255.128	172.16.1.129

2）由于目前只有 1 条百兆光纤出口，因此平均每个终端只能分到 100Mbit/（200+500）≈143kbit 出口带宽。因此小朱建议，在资金允许的情况下，可选择另一 ISP，增加一条百兆光纤出口。此时出口带宽共 200Mbit/s，因此内部骨干线路（即防火墙和路由器 A、路由器 A 和路由器 B 之间的线路）带宽为 100Mbit/s 又成为瓶颈，因此还需将内部骨干线路从百兆升级为千兆。升级时，由于双绞线和光纤本身就支持千兆速率，因此不需要更换线路，只需要将防火墙和路由器的接口模块从百兆升级到千兆。

还需要注意的是，如果路由器上配置的是静态路由，则升级为双出口后需要修改路由器 A 的静态路由表。假设两条出口线路分属运营商 ISP1 和 ISP2，则应首先到互联网管理机构的网站（如 apnic 或 cnnic）查询运营商 ISP1 和 ISP2 的 IP 地址段，然后在路由器 A 静态路由表中添加静态路由，其规则是根据不同的目的地址选择不同的出口，即目的 IP 为 ISP1 地址段的数据从 ISP1 出口转发，目的 IP 为 ISP2 地址段的数据从 ISP2 出口转发。这样可以避免跨网的穿透流量，提高访问速度。

经过划分子网和带宽升级后的拓扑如图 5-16 所示。

3）目前的下载工具为了提高下载速率，一般会和被下载对象之间建立多个连接。因此为了防止个别计算机在使用下载工具时建立多个连接并占用过多的带宽，可以在防火墙上限制除服务器以外的每个 IP 的连接数为 50。

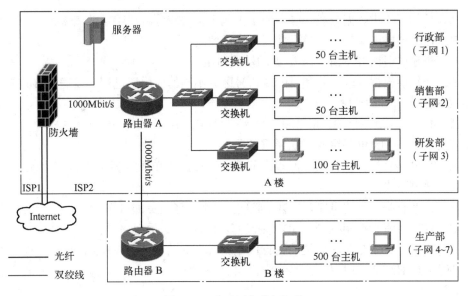

图 5-16   公司网络升级拓扑

5.6   本章小结

传输层只在数据传输的两端存在，是面向数据通信的下三层（物理层、数据链路层、网络层）和面向应用的上三层（会话层、表示层、应用层）之间的接口，它将应用程序的进程和数据传输的端口相关联，提供了端到端的传输服务。

传输层提供了两种协议来完成端到端的传输功能，其中 TCP 是面向连接的、可靠的，而 UDP 是非连接的、不可靠的。TCP 建立连接需要经过三次握手，并且提供了序列号、确认重传机制、滑动窗口机制等可靠性机制，而 UDP 则没有这些复杂机制，因而传输效率更高。总的来说，两种协议各有所长，不同的应用程序会根据需要选择其中一种协议。

为解决 IPv4 地址不足的问题，在上一章中介绍了 IPv6 和私有地址两种解决方案。但私有地址不是唯一的，因此必须使用 NAT 技术才能接入互联网。其中静态 NAT 和动态 NAT 能够实现本地地址和全局地址之间的一对一映射，如果本地私有地址较多而全局公有地址较少，则需要使用端口 NAT 技术。

习题

一、选择题

1. 关于传输层说法错误的是（   ）。

   A. 传输层是 OSI 模型的第 4 层

   B. 传输层为上层提供端到端的信息传递服务

   C. 传输层之下的下三层（负责数据传输）和上三层（提供应用服务）之间的接口

   D. 在网络终端和通信设备上都有传输层

2. 关于传输层功能说法错误的是（   ）。

A．传输层提供数据分段功能，便于丢包重传并较少网络阻塞的概率

B．传输层提供端到端的错误恢复与流量控制

C．传输层根据 IP 地址确定数据的转发路由

D．传输层根据源端口号和目的端口号区分不同的应用层进程所发送或接收的数据

3．传输层端口号的长度为（　　）位。

A．4　　　　　　　　B．8　　　　　　　　C．16　　　　　　D．32

4．关于 TCP 和 UDP 的区别说法错误的是（　　）。

A．TCP 传输数据前需要在两端之间建立连接，UDP 则不建立连接，因此 UDP 传输速度更快

B．TCP 有确认重传机制，UDP 则没有，因此 TCP 更加可靠

C．TCP 有流量控制机制，UDP 则没有，因此 TCP 丢包率更低

D．TCP 不具备把乱序到达的数据段重新排列的功能，UDP 则可以

5．应用层 HTTP 的服务器端在传输层默认使用（　　　），客户端在传输层使用（　　）。

A．TCP 80 端口　　B．UDP 80 端口　　C．TCP 动态端口　　D．UDP 动态端口

6．TCP 端口状态中的 Listening 表示（　　）、SYN_SENT 表示（　　）、SYN_RECEIVED 表示（　　）、LAST_ACK 表示（　　）、Established 表示（　　）。

A．端口已打开，正在监听是否有客户端请求连接

B．客户端请求连接（三次握手中的第 1 次握手）

C．服务器端接收请求（三次握手中的第 2 次握手）

D．客户端请确认连接（三次握手中的第 3 次握手）

E．连接已建立

7．以下关于 NAT 的说法错误的是（　　）。

A．NAT 可以实现 IP 到 IP 的映射，但不能实现 IP 及其端口到 IP 及其端口的映射

B．路由器一般可作为 NAT 设备，将其下联口的本地地址映射到其上联口的全局地址

C．静态 NAT 只能实现同样数量的本地地址和全局地址之间的映射

D．如果本地地址数量大于全局地址数量，且本地地址需要全部同时接入 Internet，则只能使用端口 NAT

8．以下（　　）是动态 NAT。

A．将某本地地址静态映射到某全局地址

B．将本地地址映射动态到某全局地址池

C．将某本地地址的 80 端口静态映射到某全局地址的 80 端口

D．将某本地地址的随机端口动态映射到某全局地址的随机端口

9．以下（　　）不是端口 NAT。

A．将某本地地址映射到某全局地址

B．将某本地地址的 80 端口静态映射到某全局地址的 8080 端口

C．将某本地地址的 80 端口静态映射到某全局地址的 80 端口

D．将某本地地址的随机端口动态映射到某全局地址的随机端口

二、简答题

1．传输层端口号的范围是多少？被分为哪两部分？每部分的范围是多少？

2．简述 TCP 和 UDP 的共同点和区别。

3．简述 TCP 建立连接的过程。

4．什么是 NAT？NAT 有什么作用。

第6章 应用层及 Internet

学习目标：

1. 了解 Internet 的起源与发展；
2. 掌握常见应用层服务的功能、协议、使用及配置方法；
3. 了解常见的 Internet 的接入方式及其特点。

建议实训：

实训 12：WWW 服务
实训 13：FTP 服务
实训 14：Telnet 服务
实训 15：DHCP 服务
实训 16：远程桌面
实训 17：动态域名服务

6.1 Internet 概述

6.1.1 Internet 定义

Internet 的中文译名为因特网，又叫作国际互联网。它将数万个计算机网络、数千万台主机互连在一起，覆盖全球。从信息资源的角度，Internet 是一个集各个部门、各个领域的信息资源为一体的，供网络用户共享的信息资源网。Internet 目前的用户已经遍及全球，并且它的用户数还在与日俱增。

Internet 基于 TCP/IP，并通过路由器等网络设备将主机、局域网、广域网连接在一起，如图 6-1 所示。Internet 的内部结构非常复杂，被称为网际网，属于没有任何规则的网状结构。但对于 Internet 用户来说，根本不必关心 Internet 的内部结构，只要使用 TCP/IP 接入 Internet 的任何一个节点上，就可以使用 Internet 的网络资源和服务。对用户开放、对服务提供者开放正是 Internet 获得成功的重要原因。

6.1.2 Internet 起源与发展现状

Internet 最早来源于美国国防部高级研究计划局（Advanced Research Project Agency，ARPA）建立的 ARPAnet，该网于 1969 年投入使用。在 20 世纪 60 年代，ARPA 就开始向美国国内大学的计算机系和一些私人有限公司提供经费，以促进基于分组交换技术的计算机网络的研究。它具有五大特点：

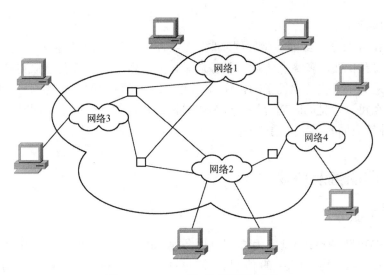

图 6-1 Internet 的 "网际网" 结构

- 支持资源共享；
- 采用分布式控制技术；
- 采用分组交换技术；
- 使用通信控制处理机；
- 采用分层的网络通信协议。

1972 年，ARPAnet 在首届计算机通信国际会议上首次与公众见面，并验证了分组交换技术的可行性，由此，ARPAnet 成为现代计算机网络诞生的标志。TCP/IP 协议簇的开发和使用是 ARPAnet 在技术上的另一个重大贡献。1980 年，由 ARPA 投资将 TCP/IP 加进 UNIX（BSD 4.1 版本）的内核中，在 BSD 4.2 版本以后，TCP/IP 即成为 UNIX 操作系统的标准通信模块。

1982 年，Internet 由 ARPAnet、MILnet 等几个计算机网络合并而成，产生 Internet 的早期骨干网，ARPAnet 验证并奠定了 Internet 存在和发展的基础，较好地解决了不同的计算机进行网络互联的一系列理论和技术问题。

随着 Internet 面向全社会的开放，在 20 世纪 90 年代初，商业机构开始进入 Internet。由于大量商业公司进入 Internet，网上通信量迅猛增长，全世界其他国家和地区，也都在 20 世纪 80 年代以后先后建立了各自的 Internet 骨干网，并与美国的 Internet 相连。随着 Internet 规模的不断扩大，向全世界提供的信息资源和服务也越来越丰富，可以实现全球范围的电子邮件通信、WWW 信息查询与浏览、文件传输、语音与图像通信服务、电子商务等功能。

然而 Internet 也有其固有的缺点，如网络无整体规划和设计，网络拓扑结构不清晰以及容错及可靠性能的缺乏，而这些对于商业领域的不少应用是至关重要的。安全性问题是困扰 Internet 用户发展的另一主要因素。虽然现在已有不少的方案和协议来确保 Internet 网上联机商业交易的可靠进行，但真正适用并将主宰市场的技术和产品目前尚不明确。另外，Internet 是一个无中心的网络。所有这些问题都在一定程度上阻碍了 Internet 的发展，只有解决了这些问题，Internet 才能更好地发展。在这样的背景下，下一代 Internet

（Internet II）应运而生。

Internet II 由大学高级因特网发展联盟（U-CAID）于 1998 年提出，有 170 所大学参加，致力于发展 IPv6、多终点传输、服务质量技术、数字图书馆及虚拟实验室等应用。其中 IPv6 通过采用 128 位的地址空间替代 IPv4 的 32 位地址空间来扩充因特网的地址容量，使得 IP 地址在可以预见的时期内不再成为限制网络规模的一个因素，同时在安全性、服务质量及移动性等方面有了较大的改进。

6.2 应用层服务及协议

6.2.1 WWW 服务

WWW（World Wide Web，万维网）服务是 Internet 上以网页形式展现文本、声音、动画、视频等多种媒体信息的信息服务系统，整个系统由 Web 服务器、浏览器（Browser）及通信协议 3 部分组成，如图 6-2 所示。WWW 采用的应用层通信协议是 HTTP（HyperText Transfer Protocol，超文本传输协议），该协议使用的传输层默认端口是 TCP80 端口（参见表 6-1）。

浏览器　　　　通信协议HTTP　　　Web服务器

图 6-2　WWW 服务体系结构

WWW 服务是目前最广泛使用的 Internet 服务之一，其主要优点如下：

1）使用方便，客户端只需有浏览器即可使用，无需安装其他软件。

2）媒体类型丰富，可传输并展现文本、声音、动画、视频等多种媒体形式。

3）开发采用 HTML 语言，相对于其他语言来说难度较低，开发效率较高。

由于 Internet 上有众多的 Web 站点，每个站点又有多个页面，因此浏览器在访问 Web 服务器上的网页资源时，需要指明网页所在 URL（Uniform Resource Locator，统一资源定位符）地址。URL 的语法形式为：

服务协议类型：//主机 IP 或域名：<端口>/<路径名或文件名>

其中使用该协议的默认端口时可省略"端口"字段，使用默认路径和文件名时可省略"路径名或文件名"字段。例如下面都是合法的 URL：

● http://www.baidu.com

（相当于 http://www.baidu.com:80 或 http://www.baidu.com/index.html）

● http://119.75.217.109/index.html

● http://222.34.2.210:8080/news/2123.asp

常用 Web 服务器软件包括 Microsoft IIS、Apache 等，常用浏览器软件包括 Microsoft IE、Google Chrome、FireFox、Sogou Explore 等。

6.2.2 FTP 服务

FTP（File Transfer Protocol，文件传输协议）用于在 Internet 上实现文件的在线双向传输。请求上传或下载的一端称为 FTP 客户端（FTP Client），响应上传或下载的一端称为 FTP 服务器端（FTP Server）。FTP 在传输层使用 TCP21 端口。FTP Client 访问 FTP Server 上的资源时，同样要使用 URL 进行定位，例如 ftp://204.3.2.4 或 ftp://204.3.2.4:21。在文件传输之前，客户端不仅需要和服务器端建立 TCP 连接，一般还需要使用服务器端提供的账号和密码进行登录以保证安全性。

常用的 FTP 服务器端软件包括 IIS、Serv-U 等，可以控制文件上传、下载的权限、速度、时间、客户端数量等。常用的 FTP 客户端软件包括 CuteFtp、LeapFtp 等，浏览器也可以直接作为 FTP Client。

思考：FTP 和局域网中的文件共享都可以传输文件，两者有什么区别？

6.2.3 E-mail 服务

E-mail（电子邮件）服务是 Internet 中应用最广泛的服务之一，实现了离线的数据传输，即收发邮件的双方不需要直接建立连接，也不需要同时在线。E-mail 使用的协议包括 SMTP（Simple Mail Transport Protocol，简单邮件传输协议）、POP（Post Office Protocol，邮局协议）、MIME（Multipurpose Internet Mail Extensions，多用途互联网邮件扩展）等。其中 SMTP 实现了邮件的发送以及邮件服务器之间的邮件传输，POP 协议实现了邮件的接收，POP 有 POP2 和 POP3 两个版本，目前使用较多的是 POP3。E-mail 服务及相关协议如图 6-3 所示。MIME 协议实现了非 ASCII 编码的支持以及多媒体数据类型的通知。

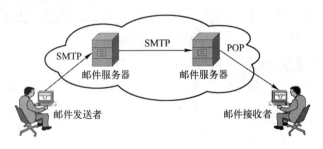

图 6-3　E-mail 服务及相关协议

常用的电子邮件服务器端软件包括 SendMail、Postfix、WinMail、Microsoft Exchange 等，常用的电子邮件客户端软件包括 FoxMail、Microsoft OutLook 等。目前大多数邮件服务器提供了 Web 访问方式，在客户端使用浏览器即可通过 HTTP 登录邮件服务器并查看或收发邮件。

6.2.4 Telnet 服务

Telnet 是远程登录协议，通过该协议可以在一台计算机上通过 Internet 登录到另一台远程计算机上。Telnet 服务器端使用 TCP23 端口，客户端登录时必须输入远程主机的 IP 地址、登录账号、口令，其中登录账号一般建立在服务器端的操作系统中，但并不是操作系统中的所有账号都能远程登录，必须具备相应的权限。

Telnet 常常用于实现对服务器和网络设备的远程管理，例如网络管理员通过 Telnet 可以足不出户地管理整个园区的网络设备，如图 6-4 所示。

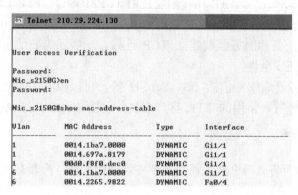

图 6-4　Telnet 远程管理交换机

6.2.5　远程桌面服务

从 Windows 2000 操作系统开始，微软提供了远程桌面服务并得到了广泛应用。远程桌面功能类似于 Telnet，通过远程桌面可以控制 Internet 另一端的计算机，并提供了图形化的界面，使其比 Telnet 更易操控。

使用远程桌面时，首先在被控制端打开远程桌面服务，操作步骤如下：右击"我的电脑"，选择"属性"菜单项，打开"远程"选项卡，选中"允许用户远程连接到此计算机"选项，如图 6-5 所示。其次，在控制端打开"附件"中的"远程桌面连接"，输入被控制端的 IP 地址，单击"连接"按钮，如图 6-6 所示，即可连接到远程被控制端，此时在控制端会打开一个显示被控制端桌面的窗口，如图 6-7 所示。

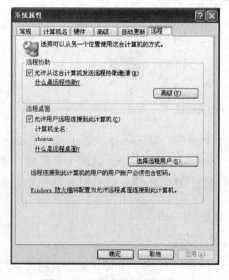

图 6-5　远程桌面被控制端

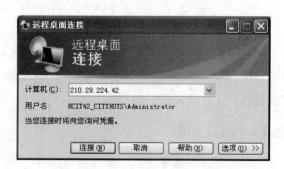

图 6-6　远程桌面控制端

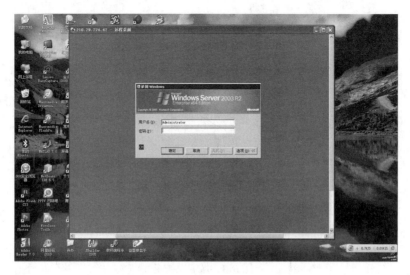

图 6-7　远程桌面窗口

6.2.6　DNS 服务

DNS（Domain Name System，域名系统）用于管理域名并提供把域名解析为 IP 的服务。

1. 域和域名

域（Domain）指 Internet 上由地理位置或业务类型而联系在一起的一组主机构成的集合，一个域内可以容纳多台主机，在域中，所有主机由域名（Domain name）来标识。我们知道 IP 地址可以唯一的标识 Internet 上的一台主机，但 IP 地址也有其缺点，例如不易记忆、无法判断其位置等，为了解决这些问题提出了域名，域名也可以标识一台主机，但采用 ASCII 编码标识，例如 coca-cola.com、sina.com.cn 等，使其和 IP 地址相比更有意义也更易记忆。

为了有效地管理 Internet 上的域和域名，域名系统采用分层的树形结构（图 6-8），类似于邮政系统中的分级地址结构，如"中国**省**市**区**街道**号**"。在域名系统的顶部是根域，由 ICANN（国际互联网名称和地址分配组织）管理；根域下面是数百个顶级域，包括 COM（商业机构）、EDU（教育单位）、GOV（政府部门）、MIL（军事单位）、NET（提供网络服务的系统）、ORG（非 COM 类的组织）、INT（国际组织），以及国家级域名如 CN（中国）、JP（日本）、UK（英国）、FR（法国）等。顶级域名下又有若干一级域名，一级域名下又有若干二级域名，每个域名中可以有若干子域和主机。

分级结构的域名系统中，每个域名的完整表示采用从底部节点往上到根的路径命名，成员间由点分隔，且域名对大小写不区分。例如从图 6-8 可以看出，中国顶级域名 CN 下有 com、edu、net 等一级域名，abc 大学的二级域名为 abc.edu.cn，abc 大学中有 1 个子域 lib.abc.edu.cn 以及 3 台主机 server1.abc.edu.cn、host1.lib.abc.edu.cn、host2.lib.abc.edu.cn。

使用域名时需要到相应的域名管理机构进行申请并需缴纳一定的费用，如中国的域名管理机构是 CNNIC（China Internet Network Information Center，中国互联网络信息中心）。每个域对分配其下面的子域和主机存在控制权，即一个新域被创建和登记后，可以创建其子域或主机而无须再征得上一级管理机构的同意。例如，abc 大学在 CNNIC 申请了域名 abc.edu.cn 后，再创建子域 stu.abc.edu.cn 时不需再申请。

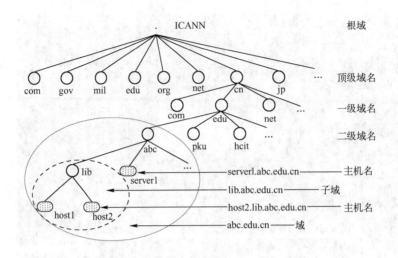

图 6-8　域名系统

2．域名解析

域名系统还需要解决如何将域名转换为 IP 的问题，由于域名属于应用层，路由器等非应用层网络设备无法根据域名转发数据，因此发送主机必须将目的主机域名转换为目的 IP 后才能发送数据包，将域名转换为 IP 地址的过程被称为域名解析。

Internet 中由域名服务器（DNS Server）完成域名解析，域名服务器中存放有域名和 IP 之间映射关系的数据库。例如某主机访问 www.abc.com 时，首先发送一个 DNS 查询到域名服务器，域名服务器查询自己的数据库并返回 www.abc.com 相应的 IP 地址 124.40.51.49，该主机接收到 DNS 解析结果后再使用 124.40.51.49 作为目的 IP 封装 IP 包发送，如图 6-9 所示。理论上一台域名服务器就可以包括整个 DNS 数据库，并响应所有的查询，但实际上这样 DNS 服务器就会由于负载过重而不能运行。所以域名服务器解析系统也采用了层次化模式，与分级结构的域名系统相对应。

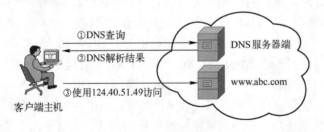

图 6-9　域名解析

Internet 中有成千上万台域名服务器，每个服务器可以管理一个或多个域中的数据，一个域中也可以配置多台服务器，服务器之间可以自动同步数据库中的数据。一般这些服务器由 ISP 提供，例如江苏电信提供了 4 台 DNS 服务器，分别是 218.2.135.1（南京）、221.228.255.1（无锡）、61.177.7.1（苏州）、61.147.37.1（徐州），用户如果使用江苏电信的接入网络可选择距离较近的 DNS 以提高解析速度，例如苏州的用户可选择 61.177.7.1 作为主 DNS 服务器，同时选择 221.228.255.1 作为备用 DNS 服务器以防止主 DNS 出现故障。用户需要在 TCP/IP 配置中填写所选择的 DNS 服务器，如图 6-10 所示。当然在条件许可的情况下，也可以在自己的局域网中配置 DNS 服务器以获取更高的解析速度。

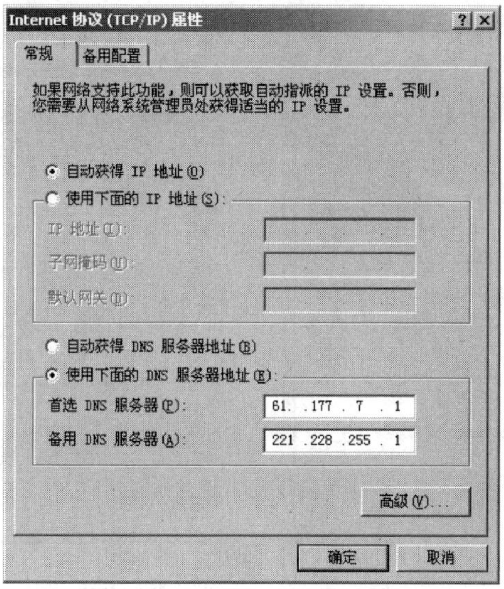

图 6-10　客户端 DNS 配置

6.2.7　DHCP 服务

DHCP（Dynamic Host Configuration Protocol，动态主机配置协议）服务用于集中管理和分配一个网络中的 IP 地址。DHCP 分为服务器端和客户端，服务器端使用 IP 地址池集中管理，客户端可以从服务器端的地址池中动态获取 IP 地址而不需要手工配置。

DHCP 的优点主要包括如下几个方面。

（1）自动分配，避免 IP 冲突现象

我们知道，当一台主机接入网络时，必须配置 IP 相关参数，可以采用手工配置方式（又被称为静态 IP 方式），如图 6-11 所示，其缺点是使用较为烦琐且容易产生冲突，特别当网络中有较多主机时，很容易发生两台主机配置同一 IP 的冲突现象。而采用 DHCP 动态 IP 配置方式，如图 6-12 所示，则每台主机接入网络时可以从 DHCP 服务器获取 IP，DHCP 服务器会给每台主机分配不同的 IP 地址并记录，因此不会发生 IP 冲突现象。

（2）及时回收，提高 IP 地址利用率

某些网络中有很多主机，但同时在线的主机比例较低，如果采用静态 IP 方式则 IP 利用率较低甚至出现 IP 不够用的情况；如果采用动态 IP 方式则可以在主机不在线或关机时将 IP 地址及时回收再分配，提高 IP 地址利用率。例如某学生宿舍有 5000 台主机，一般只有 1000 台主机同时在线，则采用 DHCP 提供的动态 IP 方式可以节约很多 IP 地址资源。

（3）集中管理，减少 IP 配置及管理工作量

对于管理某些主机较多且频繁移动的网络，如果采用静态 IP 方式则需要经常手工更新客户端的 IP 地址，工作量较大；如果采用动态 IP 方式则只需更新服务器端 IP 地址池，客户端不需要做任何改变，可以极大地减少 IP 配置及管理的工作量。

服务器端需建立一个或多个 IP 地址池，给客户端分配 IP 地址、网关地址、子网掩码、DNS 地址等信息。服务器端可以是能提供 DHCP 服务的主机，也可以是能提供 DHCP 服务

的路由器等网络设备。

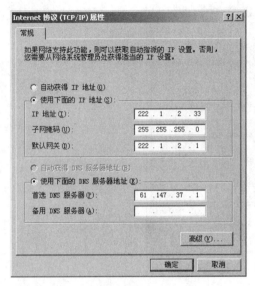
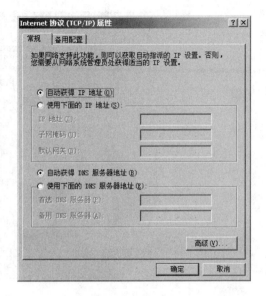

图 6-11 客户端静态 IP 配置方式　　　　图 6-12 客户端动态 IP 配置方式（DHCP）

一个网络内可以有多个 DHCP 服务器以及 DHCP 客户端，DHCP 具体工作过程分为以下几步。

1）请求：客户端以广播形式（目的 IP 为 255.255.255.255）发出 DHCP DISCOVER 消息，寻找网内的服务器，网内每一台主机都会收到广播，但只有 DHCP 服务器才会作出响应。

2）提供：收到 DHCP DISCOVER 消息的服务器从自己的地址池中选择一个未分配的 IP 地址，回应一个 DHCP OFFER 消息，消息中包括分配给客户端的 IP 地址等配置信息。

3）选择：客户端选择第 1 个收到的 DHCP OFFER 作为自己的网络配置，以广播形式发送 DHCP REQUEST 消息，DHCP REQUEST 将通知所有的服务器客户端选择了哪一个服务器以及 IP。

4）确认：被选中的服务器回复确认消息 DHCP ACK，未被选中的服务器不作回应并收回曾提供的 IP。

5）配置：客户端收到 DHCP ACK 后再次检查配置参数，如果合法则将参数配置到客户端。

需要注意的是，由于 DHCP 客户端使用广播查找服务器端，而广播的范围是本网络或本子网，因此 DHCP 服务器需要和客户端在同一网络或子网中才能工作。

6.3 Internet 接入方式

Internet 是一个巨大的资源宝藏，用户要使用这些资源时，首先必须将自己的计算机接入 Internet，一旦用户的计算机接入 Internet，便成为 Internet 中的一员，可以访问 Internet 中提供的各类服务与丰富的信息资源。但面对如此规模庞大的 Internet，用户从何处接入？采用何种接入方式？

首先，我们解决第 1 个问题，即用户从何处接入。目前，Internet 已经是一个商业化的网络，ISP（Internet Service Provider，互联网服务提供者）是用户接入 Internet 的服务代理和用户访问 Internet 的入口点。ISP 一方面为用户提供 Internet 接入服务，另一方面为用户提供 Internet 的各类信息代理服务，各国和各地区都有自己的 ISP，在我国几大电信运营商都是 ISP，如中国电信、中国联通、中国移动等，它们在全国各地都设置了自己的 ISP 机构，此外还有像教育网等一些面向特定用户的 ISP。ISP 与互联网络相连的网络称为接入网络，其管理单位称为接入单位。ISP 是用户和 Internet 之间的桥梁，它位于 Internet 的边缘，用户通过某种通信线路连接到 ISP，借助于 ISP 与 Internet 的连接通道便可以接入 Internet。选择 ISP 时要考虑 ISP 提供服务的接入位置、价格和服务质量等因素。

其次，各 ISP 都提供了多种接入方式供不同类型的用户选择，用户应结合自身需求选择一种接入方式。从早期使用电话线的拨号接入，到后来的 ISDN、DDN 专线接入，以及使用有线电视线缆的 HFC 等，许多接入方式由于自身的缺点而逐渐被淘汰。下面介绍几种目前常见的 Internet 接入方式。

6.3.1 ADSL 接入

ADSL（Asymmetric Digital Subscriber Line，非对称数字用户线）采用了 DSL（Digital Subscriber Line，用户数字环路）技术，能够在电话网上实现高速数据传输。

ADSL 技术中的"非对称"指下行方向和上行方向的数据速率不同，并且通常上行速率要远小于下行速率。由于大部分 Internet 资源特别是视频传输等需要很大的下行带宽，而普通用户对上行的带宽的需求不是很大，因此下行带宽大于上行带宽"不对称"的 ADSL 技术非常适用于家庭上网。以 ITU-TG.992.1 标准为例，ADSL 支持上行速率 512k～1Mbit/s，下行速率 1～8Mbit/s，有效传输距离在 3～5km 范围以内。当电信服务提供商的设备端和用户终端之间距离小于 1.3km 的时候，还可以使用速率更高的 VDSL，它的速率可以达到下行 55.2Mbit/s，上行 19.2Mbit/s。

ADSL 使用电话线，但采用频分复用技术把电话线分成了电话、上行和下行 3 个逻辑独立的信道，从而避免了相互之间的干扰，可以同时上网和打电话。ADSL 接入在用户端采用 ADSL 调制解调器进行拨号和调制解调，在电信运营商端，需要将每条开通 ADSL 业务的电话线路连接在数字用户线路访问多路复用器（DSLAM）上。ADSL 调制解调器和 DSLAM 之间使用 PPPoE 协议，如图 6-13 所示。

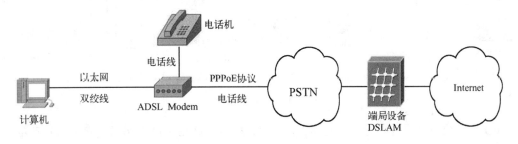

图 6-13　ADSL 接入

6.3.2 LAN 接入

LAN 接入就是基于以太网技术的局域网接入方式,如图 6-14 所示,从楼宇交换机通过双绞线连接各个房间,用户上网可以通过 Bras 设备进行认证(也可不经过认证),适合内部数据交换较多的企事业单位。

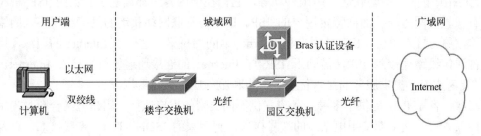

图 6-14　LAN 接入

6.3.3 PON 接入

PON(Passive Optical Network,无源光网络)接入技术是一种点到多点的光纤接入技术,由放在端局位置的 OLT(Optical Line Terminal,光线路终端)、放在中间位置的 POS(Passive Optical Splitter,无源分光器)、放在用户端或接近用户的楼道位置的 ONU(Optical Network Unit,光网络单元)3 个部分构成。其中,POS 可以级联一个或多个 POS,从 OLT 到 ONU 之间的线路及设备都是无源的(即不需要电源),所以称之为无源光网络。在 PON 进入用户端以后,可以使用光纤 Modem(又称光猫,如图 6-16 所示)将信号发送给终端设备。整个 PON 接入方式如图 6-15 所示。

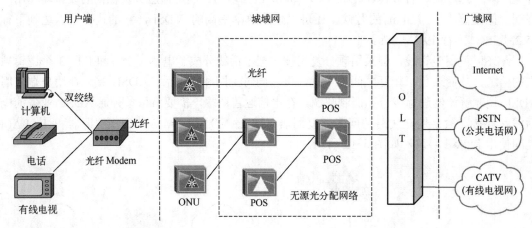

图 6-15　PON 接入

PON 系统中主要设备无源分光器如图 6-17 所示,这是一台 1 分 16 的无源分光器,光信号下行(即从城域网到用户端)时可以将 1 根光纤的信号广播到 16 根光纤中,光信号上行(即从用户端到城域网)时可以将 16 根光纤的信号使用多路复用技术汇聚到 1 根光纤中,且不需要使用电源。因此和 LAN 中使用交换机进行线路连接和交换相比,无源分光器的成本显然要低很多。

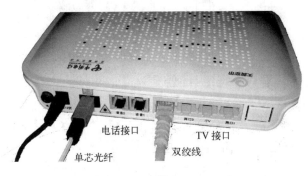

电话接口   TV 接口
单芯光纤   双绞线

图 6-16   光纤 Modem

图 6-17   POS（无源分光器）

PON 是一种纯介质网络，避免了外部设备的电磁干扰和雷电影响，减少了线路和外部设备的故障率，提高了系统可靠性。我们知道，对于长距离传输来说光纤比铜缆具有价格优势，传统以太网采用两芯光纤传输；而 PON 系统所有设备之间只采用单芯光纤进行互联，因此大大降低了建设和维护成本。随着新建楼宇光纤到楼以及光纤到户的推广，PON 接入占据了越来越多的市场份额。

目前，面向终端用户的接入方式主要包括以上所述的 ADSL、LAN、PON 3 种接入方式，其主要特点如表 6-1 所示。

表 6-1   几种 Internet 接入方式的比较

接入方式	ADSL 接入	LAN 接入	PON 接入
入户线缆	电话线	双绞线/一对光纤	单根光纤
承载业务	互联网、电话	互联网	互联网、电话、有线电视
传输速率	低	高	较高
单用户成本	低	高	适中
主要优点	如已有电话线，则不需另外接入线路，成本较低	LAN 内部用户间流量不经过运营商；网速较高，内部交换速率可达千兆	对于小区、学校等人员密集区域，单用户成本、能耗较低；可同时承载电话和网络
主要缺点	网速慢	交换机等有源设备成本、能耗较高；不能同时承载电话和网络	需部署光纤到户，对于人口稀疏及老旧小区成本较高
适合用户类型	只有电话线接入的偏远农村、老旧小区等	企事业单位中的办公室等	家庭用户、个人用户

6.4   应用案例

案例描述：

公司办公计算机目前采用的是静态 IP 地址方式，不仅需要手工配置，而且容易产生冲突。公司领导希望采用动态 IP 地址方式，让小朱写出软硬件配置方案。已知公司网络拓扑如图 6-18 所示。

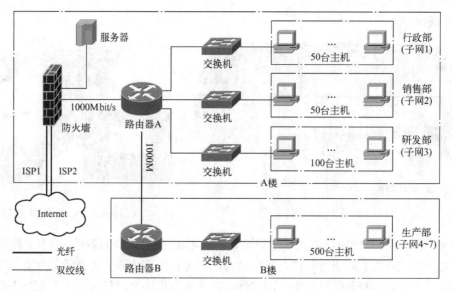

图 6-18 公司网络拓扑

案例分析：

由于 DHCP 请求数据包采用广播方式，在未划分子网的情况下，广播包只能在本网络内部传输；在已划分子网的情况下，广播包只能在本子网内部传输，不会广播到别的网络或子网中。因此 DHCP 服务器和客户端应在同一网络或同一子网中，否则客户端无法和 DHCP 服务器通信。

由于公司已划分出 7 个子网，因此一般需要在每个子网中配置一台 DHCP 服务器，共 7 台 DHCP 服务器才可以给所有主机分配 IP。显然该方案成本较高，且管理和维护复杂。因此需要通过其他途径解决。较好的解决方案是使用 DHCP 中继代理技术。

当客户端和 DHCP 服务器不在同一个网络内时，可以使用 DHCP 中继代理（DHCP Relay Agent）沟通不同广播域间的 DHCP 客户端和 DHCP 服务器的通信。很多路由器具有 DHCP 中继代理功能，其原理如图 6-19 所示，客户端 PC1 和 DHCP 服务器在同一个子网中，PC1 可以直接从服务器获取 IP，而 PC2 在另外一个子网中，此时可以在连接两个子网的路由器上开启 DHCP 中继代理功能，它相当于一个转发站，把收到的 DHCP 请求报文转发给服务器，也把收到的 DHCP 响应报文转发给 PC2。

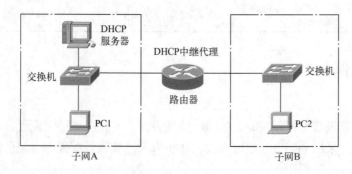

图 6-19　DHCP 中继代理

解决方案：

小朱的解决方案如下。

在子网 1 中配置一台 DHCP 服务器，该服务器使用子网 1 中的 IP 地址，子网 1 中的主机可以直接从该服务器动态获取 IP 地址。打开路由器 A 和路由器 B 的 DHCP 中继代理功能并将中继指向 DHCP 服务器的 IP，这样子网 2～7 都可以从该 DHCP 服务器动态获取 IP 地址。网络拓扑如图 6-20 所示。

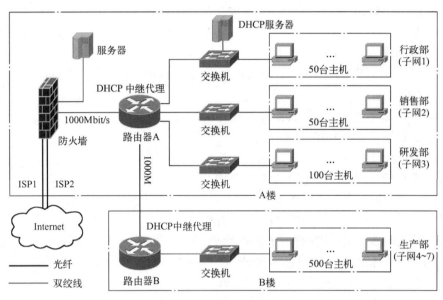

图 6-20 公司 DHCP 解决方案

6.5 本章小结

应用层为用户提供了多种服务，常见服务包括 WWW、FTP、E-mail、Telnet、DNS、DHCP 等，并由相应的协议实现。实现应用层服务时一般分为服务器端和客户端，客户端发送请求，服务器端进行响应。

Internet 是目前最广泛使用的广域网，提供了多种应用。终端接入 Internet 可根据性能、价格及线路条件选择 ADSL、LAN、PON 等多种接入方式。

习题

一、选择题

1. 关于 Internet 说法错误的是（　　）。

   A．Internet 是一个广域网

   B．Internet 属于树形拓扑结构

   C．Internet 使用 URL 定位资源位置

   D．Internet 是一个使用 TCP/IP 的开放性网络

2. 关于 ftp://222.184.16.3/data/a.txt 说法错误的是（　　）

A. 使用 FTP 可以访问该 URL 定位的资源

B. /data 是路径名，a.txt 是文件名

C. 该 URL 相当于 ftp://222.184.16.3:80/data/a.txt

D. 若 222.184.16.3 对应的域名为 ftp.abc.com，则该 URL 相当于 ftp://ftp.abc.com /data/ a.txt

3. 下列应用层协议中，在传输层使用 UDP 的是（   ）。

A. HTTP   B. FTP   C. Telnet   D. DNS

4. www.hcit.edu.cn 是一个（   ）域名中的主机。

A. 顶级   B. 一级   C. 二级   D. 三级

5. 选择应用层各协议的主要功能：

HTTP（   ）、FTP（   ）、SMTP（   ）、POP（   ）、Telnet（   ）、DNS（   ）、DHCP（   ）。

A. 发送邮件以及在邮件服务器之间的传输邮件

B. 提供域名解析为 IP 的服务

C. 接收邮件

D. 集中管理和分配一个网络中的 IP 地址

E. 传输并以网页形式展现文本、声音、动画、视频等多种媒体形式

F. 通过 Internet 登录到另一台远程计算机上

G. 在 Internet 上实现文件的上传和下载

6. 传输速率最低的 Internet 接入方法是（   ）。

   传输速率、单用户成本最高的 Internet 接入方法是（   ）。

   使用单芯光纤接入的 Internet 接入方法是（   ）

A. ADSL

B. LAN

C. PON

7. 以下（   ）设备是无源的。

A. 交换机   B. OLT   C. POS   D. 光猫

二、简答题

1. 什么是域和域名？为什么有时需要将域名转换为 IP 地址？如何将域名转换为 IP 地址？

2. 使用 DHCP 管理和分配 IP 有什么优点？

第7章 网络安全与管理

 学习目标:

1. 了解常见网络攻击和防御技术;
2. 理解对称加密体系和非对称加密体系;
3. 了解 SNMP 及其应用;
4. 掌握常见网络故障诊断工具。

建议实训:

实训 18: 软件防火墙配置和使用
实训 19: 局域网故障检测与排除

7.1 网络安全概述

7.1.1 网络安全发展现状

Internet 的最大特点就是开放性。随着 Internet 的发展,网络上丰富的信息资源给用户带来了极大的方便,但同时也给上网用户带来了安全问题。国际标准化组织(ISO)对计算机系统安全的定义是:为数据处理系统建立和采用的技术和管理的安全保护,保护计算机硬件、软件和数据不因偶然和恶意的原因遭到破坏、更改和泄露。由此,可以将计算机网络的安全理解为:通过采用各种技术和管理措施,使网络系统正常运行,从而确保网络数据的可用性、完整性和保密性。网络安全已成为一个专门的研究领域,其研究内容涉及多方面的理论和应用知识,包括计算机技术、网络技术、通信技术、密码学、法律等。

网络与信息系统安全的 3 个最基本原则是保密性、完整性和可用性,即 C.I.A 三元组,如图 7-1 所示。

图 7-1 信息安全 C.I.A 基本原则

(1)保密性
保密性(Confidentiality)即保护信息的内容免遭有意的、无意的或未授权的泄露。有许多方法可以损害保密性，如有意泄露公司的私有信息或滥用网络特权。

（2）完整性

完整性（Integrity）即确保未授权的人员或过程不能修改数据；已授权的人员或过程未经授权不能修改数据；数据的内部与外部相一致。

（3）可用性

可用性（Availability）即确保相关人员能够可靠地、及时地访问数据或其他计算机资源，即保证当需要时系统能启动和运行。

从法律的角度来看，各国都制定了保障网络安全体系的相关法律，例如我国制定了《中华人民共和国计算机信息系统安全保护条例》《中华人民共和国电子签名法》《计算机信息网络国际联网安全保护管理办法》《互联网上网服务营业场所管理条例》等，并于 2017 年6 月 1 日起正式施行《中华人民共和国网络安全法》。从国家战略角度来看，网络安全被认为是除了传统的国界、领海、领空的三大国防和基于太空的第四国防之外的第五国防，称为cyber-space。

7.1.2　常见网络攻击技术

1. 预探测与扫描技术

在准备攻击阶段，攻击者事先要进行探测和扫描，内容包括网络拓扑（图 7-2）、主机操作系统及用户组、主机 IP 及端口打开情况（图 7-3）等，知道了这些情况，攻击者才能选择合适的攻击手段。探测和扫描常用工具包括 X-Scan、WinScan、SuperScan、Ping Sweep 等。

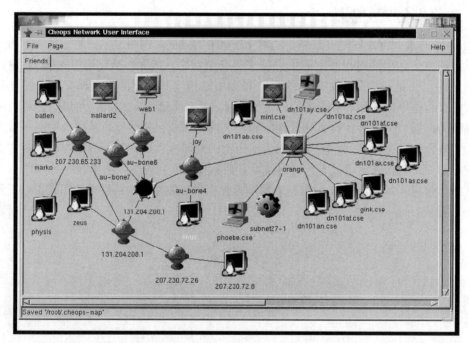

图 7-2　网络拓扑探测

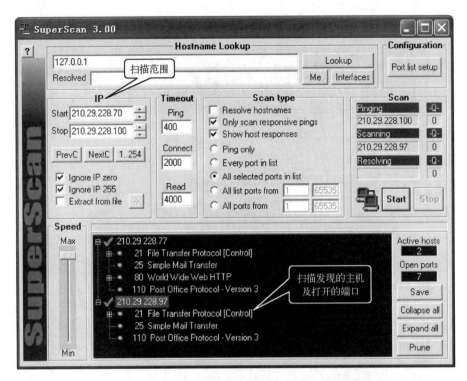

图 7-3　SuperScan 扫描主机及端口

2．网络监听技术

网络监听技术早期用于网络管理，后来被一些攻击者使用，通过在网络上实施监听可以获取账号、密码等关键信息，常见监听手段如下：在要监听的网络中接入一台主机，并将该主机的网卡设为混杂（promiscuous）模式。正常的网卡应该只是接收发往自身的数据报文、广播和组播报文，而混杂模式的网卡对报文中的目的硬件地址不加任何检查而全部接收，从而可以获取到任何在这个局域网内传输的信息。

常用的监听软件包括 Sniffer、Netxray、Wireshark 等，通过这些软件可以将网卡捕获到的数据按照协议分组的形式展现出来，可以方便地查看每一层数据分组的头部字段和数据部分的详细信息，如图 7-4 所示。

3．病毒

根据《中华人民共和国计算机信息系统安全保护条例》中的定义：计算机病毒是指编制或者在计算机程序中插入的破坏计算机功能或者毁坏数据，影响计算机使用，并能自我复制的一组计算机指令或者程序代码。

计算机病毒主要包含 3 部分：引导部分、传染部分、表现部分。

● 引导部分的作用是将病毒主体加载到内存，为传染部分做准备，如驻留内存、修改中断、修改高端内存、保存原中断向量等操作。

● 传染部分的作用是将病毒代码复制到传染目标上去。

● 表现部分是病毒间差异最大的部分，根据编制者的不同目的而千差万别。大部分的病毒都是有一定条件才会触发其表现部分的。如以时钟、计数器作为触发条件的或用键盘输入特定字符来触发的。

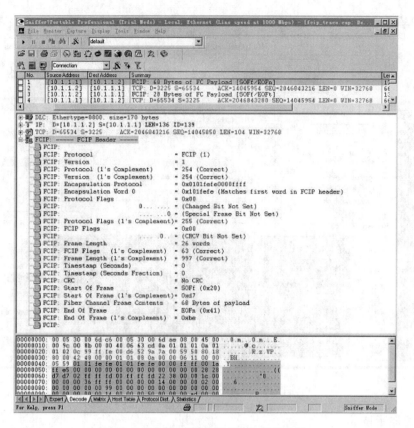

图 7-4 Sniffer 查看数据分组头部及数据

计算机病毒表现的现象主要包括：

- 计算机无法启动；
- 计算机运行速度明显变慢；
- 系统经常报告内存不足；
- 磁盘空间迅速减少；
- 多了很多文件或文件异常丢失；
- 没有运行网络程序时，网卡不停收发数据。

4．木马

木马即特洛伊木马（Trojan Horse），名称源自希腊神话，指植入并伪装成良性程序的程序。木马往往可以在被植入的计算机上打开端口（俗称后门），从而便于远端计算机进行控制。木马的原理类似于远程控制软件，如 QQ 的远程协助，通过安装在一台计算机上的程序，另一台机器可以实施远程控制并获取所需数据。

计算机中完整的木马程序一般由两部分组成：一个是服务器程序，另一个是控制器程序，如图 7-5 所示。"中了木马"就是指被安装了木马的服务器程序，若用户的计算机被安装了服务器程序并开始运行，则拥有控制器程序的人就可以通过网络控制用户的计算机，为所欲为，这时用户计算机上的各种文件、程序，以及在其上使用的账号、密码就无安全可言了。

木马主要依靠 E-mail、下载等途径传播，还可以通过脚本漏洞进行传播和感染。然后，木马通过一定的提示诱使目标主机运行木马的服务器端程序。例如，目标主机打开了不知名者发送的捆绑有木马的 E-mail 附件,当目标主机打开 E-mail 附件阅读的同时,木马服务器端程序也已经在后台运行着。由于木马程序都非常小,所以很难判断文件中是否带有木马程序。此外,木马服务器程序还可以通过修改注册表实现自启动功能。

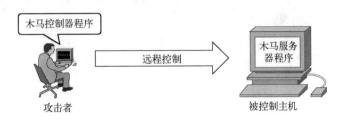

图 7-5　木马程序组成

由此可见,典型的病毒和木马的区别主要在于:

1）病毒程序在一台主机上,不需要网络就可以运行,而木马程序由两台主机上的服务器端和控制端组成,其需要网络进行控制,离开网络木马就不能工作。

2）病毒可以自己传播和繁殖（复制）,而木马自身不繁殖,依靠手工操作（如下载文件、打开邮件传播）。

3）病毒一般以破坏软硬件系统和影响用户正常使用为目的,而木马以盗取用户信息和实施远程控制为目的。

在互联网高度发达的今天,木马和病毒的区别正在逐渐消失。木马为了进入并控制更多的计算机,糅合了病毒的编写方式,能够自我复制;而病毒为了获取更多的信息,有意破坏计算机系统的变种也越来越少,基本都是后台隐蔽,长期埋伏,以木马的方式获取用户信息。这一类兼具病毒和木马特点的程序被称为"病毒型木马"或"木马型病毒"。

思考:木马有何危害?自己的计算机如何防范木马?

5. 漏洞攻击

操作系统及应用软件都有可能存在漏洞,这些漏洞有可能被攻击者利用而入侵到主机内部。比较常见的漏洞包括 Windows 缓冲区溢出漏洞、Oracle 数据库的 TNS LOG 文件漏洞、FreeBSD 的 Smart IO 漏洞等。例如 Windows 缓冲区漏洞是指通过向程序的缓冲区写入超出其长度的内容,造成缓冲区溢出,从而破坏程序的堆栈,使程序转而执行其他指令,这种漏洞后来被很多攻击者和蠕虫病毒利用,造成了相当严重的破坏。

甚至网络协议也有漏洞,比较著名的有利用 TCP 三次握手漏洞的 SYN-FLOOD 攻击。我们知道,TCP 在建立连接时需要在客户端和服务器端之间发送 3 个特殊格式的 TCP 段报文,这个过程被称为三次握手。假设一个用户向服务器发送了 SYN 报文后突然掉线,那么服务器在发出 SYN+ACK 应答报文后是无法收到客户端的 ACK 报文的（第 3 次握手无法完成）,这种情况下服务器端一般会重试（再次发送 SYN+ACK 给客户端）并等待一段时间,这段时间称为 SYN Timeout,这种状态被称为半连接状态,一般这个时间大约为 30s～2min;如果有攻击者大量模拟这种情况,服务器端将为了维护非常大数量的半连接而消耗非常多的资源甚至瘫痪,如图 7-6 所示。

降低被进行漏洞攻击的方法主要是及时更新软件或打补丁,因为软件厂商一旦发现该软件有漏洞存在，一般都会及时发布软件更新或补丁以修复漏洞。

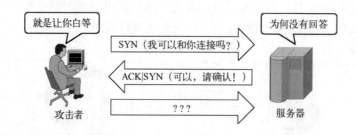

图 7-6　SYN-FLOOD 攻击

6. 口令攻击

口令攻击是指黑客以口令为攻击目标，破解合法用户的口令，或避开口令验证过程，然后冒充合法用户潜入目标网络系统，夺取目标系统控制权的过程。

口令攻击的主要方法包括如下几个方面。

1）猜测攻击：根据用户定义口令的习惯猜测用户口令，像名字缩写、生日、宠物名、公司名等。在详细了解用户的社会背景之后，黑客可以列举出几百种可能的口令，并在很短的时间内就完成猜测攻击。

2）字典攻击：如果猜测攻击不成功，入侵者会继续扩大攻击范围，对所有英文单词进行尝试，程序将按序取出一个又一个的单词，进行一次又一次尝试，直到成功。例如，对于一个有 8 万个英文单词的集合来说，入侵者不到一分半钟就可试完。所以，如果用户的口令是单词、短语且不太长，那么很快就会被破译出来。

3）穷举攻击：如果字典攻击仍然不能够成功，入侵者会采取穷举攻击。由于人们往往偏爱简单易记的口令，穷举攻击的成功率很高。因此用户在设置口令时，应结合数字和字母并将口令长度设的长一些。假设每 0.001s 检查一个口令，如果采用 6 位数字密码，则破解需要时间 $10^6*0.001=1000s$，如果采用 6 位数字字母混合密码（大小写区分），则破解需要时间$(10+26+26)^6*0.001=56800235.6$ 秒≈657 天。

4）直接破解系统口令文件：所有的攻击都不能够奏效，入侵者会寻找目标主机的安全漏洞和薄弱环节，入侵后伺机偷走存放系统口令的文件，然后破译加密的口令，以便冒充合法用户访问这台主机。

5）网络嗅探：通过嗅探器（Sniffer 软件等）在局域网内嗅探明文传输的口令字符串。避免此类攻击的对策是采用加密传输的方式进行网络传输。

6）键盘记录：在目标系统中安装键盘记录后门，记录操作员输入的口令字符串，如很多间谍软件、木马等都可能会盗取用户的口令。

7. 欺骗攻击

欺骗攻击是指伪造地址或伪装成其他主机或网络设备从而获取本不应收到的数据。欺骗攻击的种类较多，原理不尽相同，常见的欺骗攻击方式主要包括如下几种。

（1）ARP 欺骗

ARP 欺骗指通过伪造局域网内其他主机的 Mac 地址而冒充其他主机的欺骗方式。由于在数据链路层中数据帧通过 Mac 地址进行寻址，因此可以通过伪造其他主机的 Mac 地址而截获发送到其他主机的数据。

例如在图 7-7 所示的网络环境中，主机 A 要发送数据给主机 B，那么 A 首先要通过 ARP 询问 B 的 Mac 地址。由于 ARP 通过广播方式进行询问，因此攻击者可以抢在主机 B 的之前回答说 IP 地址 192.168.0.35 对应的 Mac 地址为 0303.0303.0303。主机 A 收到这个回答后，就会在本机的 ARP 缓存中记录 IP 地址 192.168.0.35 对应的 Mac 地址为 0303.0303. 0303。之后，主机 A 发送数据给主机 B 的数据就会被发送到 Mac 地址 0303.0303.0303（即攻击者）。

图 7-7　ARP 欺骗攻击

由此可见，虽然 Mac 地址被固定在网卡芯片中且不可以更改，但可以通过 ARP 通知其他主机错误的 IP 和 Mac 的对应关系，从而实现欺骗。目前，ARP 欺骗一般通过 ARP 病毒实现，感染该病毒的主机相当于攻击者，一般该病毒会冒充网关的 Mac 地址，这样所有发送到网关的数据都会被发送到该被感染主机，从而造成局域网内断网。ARP 欺骗攻击目前较好的解决方案是：在发生 ARP 欺骗的局域网内的每一台主机的 ARP 缓存表中手工绑定网关的 ARP 表（即正确的网关 IP 和 Mac 之间的映射）。

（2）IP 欺骗

IP 欺骗指通过伪造其他机器的 IP 地址而进行的欺骗方式。攻击者首先采用 DoS 攻击等方式使被攻击主机丧失工作能力，然后伪装成被攻击主机的 IP，同时建立起与目标主机基于地址验证的连接。如果成功，攻击者就可以收到发送给被攻击主机的数据。

（3）DHCP 欺骗

DHCP 欺骗是指伪装成局域网内部的 DHCP 服务器而进行的欺骗方式。由于 DHCP 客户端在获取 IP 地址的过程中通过广播形式寻找服务器，并且选择第一个收到的 DHCP OFFER 报文，且多个 DHCP 服务器存在于一个局域网中是被允许的，因此若攻击者先于授权服务器响应，客户端就将从攻击者处获取错误的配置。

8. DoS 和 DDOS 攻击

DoS（Denial of Service，拒绝服务）攻击指攻击者通过发送大量请求或数据，占用了被攻击主机或网络设备的大部分资源，如带宽、连接数、CPU 等，使得被攻击主机或网络设备没有资源提供正常的网络服务。

对于一些安全性较高的政府网络或商业网络，攻击者可能无法进入系统内部，因此攻击者以消耗对方资源并使对方瘫痪为目的进行攻击，这种攻击就是 DoS 攻击，常用的手段包括 Ping of Death、Tear Drop、UDP flood、SYN flood、Land Attack、IP Spoofing

DoS 等。

DDoS（Distributed Denial of Service，分布式拒绝服务）攻击指同时使用多台主机对某一目标进行的 DoS 攻击。当被攻击主机性能较高，一对一的 DoS 攻击不能起作用时，可以使用多对一的 DDoS 攻击达到使对方瘫痪的目的。例如在 2001 年"中美黑客大战"的过程中就广泛使用了 DDoS 攻击方式。

7.1.3 常见网络防御技术

1. 防火墙技术

防火墙是位于两个网络之间（如企业内部网络和 Internet 之间）的软件或硬件设备的组合，它对两个网络之间的通信进行控制，通过强制实施统一的安全策略，防止对重要信息资源的非法存取和访问以达到保护系统安全的目的。防火墙通过监测、限制、更改跨越防火墙的数据流，尽可能地对外部屏蔽网络内部的信息、结构和运行状况，有选择地接受外部访问，对内部强化设备监管，控制对服务器与外部网络的访问，以防止发生破坏性侵入。

根据防火墙的工作原理一般可以将防火墙分为包过滤防火墙、状态检测防火墙、应用层防火墙等。

（1）包过滤防火墙

一般根据用户定义的网络层和传输层的过滤规则对数据进行过滤，该过滤规则一般被称为访问控制列表（Access Control List，ACL）。ACL 中可控制的规则包括源/目的 IP 地址、源/目的 IP 网络、源/目的 TCP/UDP 端口。下面举例说明 ACL 条目的含义。

- permit tcp any host 210.29.224.45 eq 80：表示允许 any（即任何主机）通过 TCP 访问主机 210.29.224.45 的 80 端口。
- deny ip host 210.29.224.45 192.168.30.0 255.255.255.0：表示拒绝主机 210.29.224.45 通过 IP（包括使用 IP 的高层协议如 TCP 和 UDP）访问网络 192.168.30.0（该网络子网掩码为 255.255.255.0）。

包过滤防火墙过滤时只检查传输层和网络层的头部信息，不检查数据部分，因此过滤效率高，但对应用层信息无感知，不理解应用层数据的内容，因此无法阻止应用层的攻击行为。

（2）状态检测防火墙

状态检测防火墙在包过滤防火墙的基础上，将进出网络的数据当成一个个的会话，在防火墙的核心部分建立并维护连接状态表，利用状态表跟踪每一个会话状态。状态监测对每一个包的检查不仅根据规则表，更考虑了数据包是否符合会话所处的状态，因此提供了完整的对传输层的控制能力。

例如通过状态检测防火墙可以区别外网主动发送到内网的数据以及内网主机和外网主机建立 TCP 连接后的返回数据，以实现不同的处理方式；状态检测防火墙还可以阻止基于TCP 三次握手漏洞的 SYN-Flooding 攻击。

目前，大多数较低档的硬件防火墙和具备 ACL 功能的路由器属于包过滤防火墙，较高档的硬件防火墙属于状态检测防火墙。

（3）应用层防火墙

工作在应用层，可以对接收的数据从低层到高层解封装并查看每一层的头部和数据部分，既可以有包过滤防火墙的功能，也可以对应用层的协议和应用程序进行控制。例如可以阻止应用层 Telnet 协议的使用，也可以阻止 QQ 程序的数据传输（这一类程序经常变换端口，仅通过包过滤防火墙无法控制）。

因此，应用层防火墙的功能最强大，但由于要在每一层进行解封装和头部分析，因此会影响网络性能。目前软件防火墙都是应用层防火墙，硬件防火墙也有一部分具有应用层防火墙的功能。

根据防火墙的部署方式一般可以将防火墙分为硬件防火墙和软件防火墙。两者的区别如下。

软件防火墙用于保护一台或多台主机。软件防火墙采用纯软件的方式，运行于特定的计算机终端上，它需要客户预先安装好的计算机操作系统的支持。这一类防火墙进行数据处理时有可能影响主机的 CPU 和网络性能，但价格较低。常见的企业版软件防火墙产品有 Checkpoint 公司的 Firewall-1、Microsoft 公司的 ISA Server，常见的个人版软件防火墙产品有天网防火墙、瑞星防火墙、金山网镖等。

硬件防火墙用于保护一个或多个网络。硬件防火墙一般通过硬件芯片检查 2～4 层的分组数据并进行过滤，一般有自己的操作系统和管理软件，这一类防火墙数据处理速度较快，基本不影响网络性能，但价格较高。常见的硬件防火墙有思科 PIX 防火墙、天融信网络卫士、东软 NetEye 防火墙、华为 USG 安全网关等。

下面举例说明常见的防火墙部署方式及其功能策略，见如图 7-8 所示的拓扑结构。

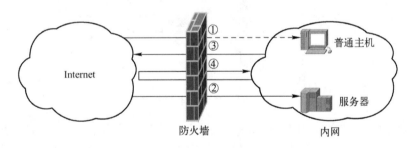

图 7-8　防火墙部署及策略

该防火墙一般可配置如下策略以保障内网安全：
① 禁止外网主动访问内网的普通主机；
② 允许外网访问内网的指定服务器上的指定端口；
③ 允许内网主动访问外网；
④ 允许由于内网主动访问外网而从外网返回的数据。
以上策略中，策略①、②、③在普通的包过滤防火墙上通过配置访问控制列表就可以实现，策略④则需要状态检测防火墙才可以实现。如果需要对应用层协议或应用程序进行控制，还需要使用应用层防火墙或者在内网的主机和服务器上安装软件防火墙。

2．入侵检测系统

入侵检测系统（Intrusion Detection System，IDS）是指工作在计算机网络系统中的关键节点上，通过实时地收集和分析计算机网络或系统中的信息，来检查是否出现违反安全策略的行为和遭到袭击的迹象，进而达到防止攻击、预防攻击的目的。

入侵检测系统一般作为主动保护自己免受攻击的网络安全设备，处于防火墙之后，在不影响网络性能的情况下对网络和系统进行实时监测，可以有效地防止或减轻上述网络威胁，帮助系统对付网络攻击，扩展了系统管理员的安全管理能力（包括安全审计、监视、攻击识别和响应），提高了信息安全基础结构的完整性。因此 IDS 成为防火墙之后的第二道安全闸门。

入侵检测系统可识别出一些具有典型攻击特征的行为，并加以拒绝。例如攻击者往往对要攻击的主机或网络先进行扫描，这种扫描行为具有典型的特征，一般会连续尝试 ping 一个网络中的一段 IP 或者连续尝试连接一个 IP 上的每个端口，此时 IDS 分析这些扫描数据包的头部就会发现这些特征行为，并拒绝攻击者继续扫描。再例如 DoS 和 DDoS 攻击中，攻击者一般会尝试和一个 IP 或一个端口建立多个连接，此时 IDS 也会发现此类攻击行为。

入侵检测系统和防火墙的区别如下。

1）防火墙一般需由用户自定义过滤规则，因为其规则取决于用户的网络拓扑以及实际安全需求；而 IDS 一般由厂家定义过滤规则，并可升级更新，因为其规则相对复杂且具有普遍性。

2）防火墙定义的规则一般作用于一个 TCP/UDP 段或一个 IP 包，而 IDS 定义的规则可以作用于一系列数据包。

假如防火墙是一幢大楼的门卫，那么 IDS 就是这幢大楼里的监视系统。在共享式局域网中，IDS 可部署于任何节点；在交换式网络中，IDS 一般部署于网络出口处，并位于防火墙之后，如图 7-9 所示。

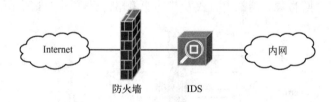

图 7-9　入侵检测系统部署

但随着网络的迅速发展，网络传输速率大大加快，这造成了 IDS 工作的很大负担；同时由于网络攻击行为日益复杂和模式识别技术的不完善，降低了 IDS 对攻击活动检测的可靠性。因此目前只有对安全性要求较高的网络才会使用 IDS。

3．防病毒系统

由于防火墙和 IDS 主要用于防止非法访问和攻击者的入侵行为，对病毒基本不起作用，因此需要使用防病毒系统以应对目前互联网上的成千上万种病毒。防病毒系统主要包括单机版防病毒软件、企业版防病毒软件、防病毒硬件等。

1）单机版防病毒软件：目前广泛使用的一类软件，安装在一台主机上，用于对单机的防护，常用产品包括瑞星杀毒软件、金山毒霸、360 杀毒等。

2）企业版防病毒软件：安装在一个局域网或一个企业内部的一组主机上，用于对多台主机的防护。企业版防病毒软件一般由服务器端程序和客户端程序组成，可选择一台服务器安装服务器端程序，用于升级病毒库并对其余主机的防病毒情况进行管理和统计，其余主机安装企业版防病毒软件的客户端程序。常用产品包括 Norton 企业版、McAfee VirusScan 等。

3）防病毒硬件：防病毒硬件一般通过 U 盘等形式接入主机，可以将杀毒引擎固化在只读芯片中，防止病毒对杀毒软件的破坏并提高查杀速度，但成本较高。

无论哪一类防病毒系统，在使用时必须经常更新病毒库，否则对于一些新出现的病毒及其变种将无效。

7.2 密码学原理及其应用

密码学是网络安全的重要理论基础之一。通过加密、解密可以实现数据的保密性、完整性、抗否定性和身份认证功能。

7.2.1 加解密术语及模型

常见的加解密模型如图 7-10 所示。

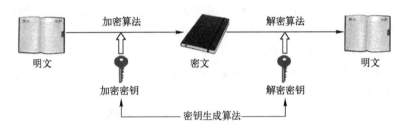

图 7-10　加解密模型

该模型中的术语含义如下。

1）明文（Plaintext，记为 P）：信息的原始形式，即加密前（未经加密）的原始信息。

2）密文（Ciphertext，记为 C）：明文经过了加密后就变成了密文。

3）加密（Encryption，记为 E）：将计算机中的信息进行一级可逆的数学变换的过程。用于加密的这一组数学变换，称为加密算法。

4）解密（Decryption，记为 D）：授权的接收者接收到密文之后，进行与加密相逆的变换，恢复明文的过程，称为解密；用于解密的一组数学变换，称为解密算法。

5）密钥（Key，记为 K）。加密算法和解密算法中的参数。加密算法中的参数称为加密密钥（记为 Ke）；解密算法中的参数称为解密密钥（记为 Kd）。加密密钥和解密密钥一般由密钥生成算法同时产生。

因此将明文加密为密文的过程可以表示为：C=E(P, Ke)；将密文解密为明文的解密过程可以表示为：P=D(C, Kd) =D(E(P, Ke), Kd)。

可见，加密和解密是两个相反的数学变换过程，它们都是用一定的算法实现的。若每次加密都使用完全相同的算法，则安全性得不到保证；若每次加密都使用完全不同的算法，则使用过程过于复杂。因此为了有效地控制这种数学变换，一般采用相对固定的算法，但每次加密时使用一组不同的参数，这就是密钥。

举例 1：将明文的 ASCII 码加 1 后形成密文。明文为：This is a book，加密后，密文为：Uijt jt b cppl。其中，加密算法为加法，密钥为+1，解密算法为减法，密钥为+1（当然，也可以看作解密算法为加法，密钥为-1）。

举例 2：将明文字符按照其编码转换为十进制数字后，使用加密算法 $C=P^m+n$，其中加密密钥为（m，n），则解密算法为 $P=(C-n)^{1/m}$，其中解密密钥为（1/m，-n）。每次加解密时只需要使用不同的密钥。

7.2.2 对称加密算法

在很多加解密标准中，加解密算法是公开的，因此控制加解密过程安全性的主要因素是密钥。加密密钥和解密密钥组成的密钥对一般由某种密钥生成算法同时产生，根据生成的一对密钥是否可以互相推算将密钥生成算法分为对称加密算法和非对称加密算法。

加密密钥和解密密钥可以互相推算的算法称为对称加密算法，如图 7-11a 所示。例如上例中的加密算法 $C=P^m+n$，知道了加密密钥(m，n)就可以推算出解密密钥（1/m，-n），知道了解密密钥（1/m，-n）就可以推算出加密密钥(m，n)。

对称加密算法中无论加密密钥还是解密密钥都不能公开，因此只适用于本地加密，即先选择一种加密算法，再同时产生一对加密密钥和解密密钥，用包括加密密钥的加密算法进行加密，需要解密时再用包括解密密钥的解密算法进行解密。

对称加密算法不适用于网络加密。因为网络加密时，加密和解密在不同的主机上，需要通过网络传输密钥，而密钥在网络上的传输过程是不安全的，一旦加密密钥或解密密钥被截取，都可以推算出解密密钥而被解密。

常用的对称加密算法包括 DES、3DES、IDEA、RC2、AES 等。

7.2.3 非对称加密算法

密钥对中的一个密钥不能推得另一个密钥的密钥生成算法被称为非对称加密算法，如图 7-11b 所示。若密钥 a 不能推得密钥 b（密钥 b 能否推得密钥 a 不一定），则 a 被称为公钥，因为该密钥可以被公开，b 被称为私钥，因为 b 有可能推得 a 所以不能公开。使用非对称加密算法的加密体系被称为公钥加密体系。

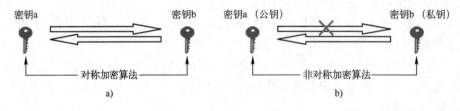

图 7-11 密钥生成算法分类

1976 年，美国学者 Whitefield Diffie 和 Martin Hellman 发表了著名的论文《密码学的新方向》（《New Directions in Cryptography》），提出了建立"公开密钥密码体制"。由于该体系中公钥不能推得私钥，因此公钥可以公开并在网络上传输，解决了对称加密体系中不能传输密钥的问题，因此目前非对称加密算法已经在网络加密、数字证书、数字签名等领域得到了广泛的应用。

目前，最常用的非对称加密算法是 RSA 算法，该算法基于大素数分解，其步骤如下：

1）设 n 是两个不同的大素数之积，即 n=pq（实际使用时一般要求 p 和 q 的值大于10100），计算其欧拉函数值 z=(p-1)(q-1)；

2）选择一个整数 d，使得 d 与 z 互质；

3）随机选一整数 e，使(e×d)mod z=1；（mod 为除法取余数运算）；

4）由明文 P 计算密文 C 的加密密钥为(e,n)，加密算法为 $C= P^e \bmod n$；

5）由密文 C 计算明文 P 的解密密钥为(d,n)，解密算法为 $P= C^d \bmod n$。

举例：假设素数 p=3，q=11，所以 n=33，z=20，选择与 20 互质的 d=7，可以选择 e=3，因为(3×7)mod 20 = 1，所以加密密钥为(3,33)，解密密钥为(7,33)。假设明文 P=2，则密文 $C=2^3 \bmod 33=8$，解密时明文 $P=8^7 \bmod 33= 2097152 \bmod 33=2$。

7.2.4 加解密相关协议及应用

1. SSL

SSL（Secure Sockets Layer，安全套接层）是 NetScape 公司研发的一种会话层协议，SSL 安全协议主要提供 3 方面的服务：一是用户和服务器的合法性认证，二是加密被传送的数据，三是保护数据的完整性。

2. HTTPS

HTTPS（Secure Hyper Text Transfer Protocol，安全超文本传输协议）是基于 HTTP 和 SSL 的一种应用层协议，即在 HTTP 层之下加入 SSL 层，服务器端默认端口号为 443。HTTPS 的功能和 SSL 功能类似，两者的区别是：HTTPS 是一种应用层协议，用于加密网页中的超文本内容，一般结合浏览器使用；而 SSL 是一种会话层协议，可以用于加密任何应用层协议在网络上传输的内容。例如电子邮箱、网上银行等页面就使用了 HTTPS，如图 7-12 所示。

图 7-12　HTTPS 页面

HTTPS 的工作原理如图 7-13 所示，会话层在每次会话时使用 SSL 产生一对公钥和私钥，HTTPS 可以从服务器端获取本次会话的公钥并将公钥传送到客户端，在客户端将用户提交的账号、密码等关键信息用公钥加密，加密后通过网络传输到服务器端，服务器端再用本次会话的私钥解密。由于在此过程中私钥并没有在网络上传输，且数据被加密后才进入网络，因此可以保证被加密数据在网络上传输的安全性。

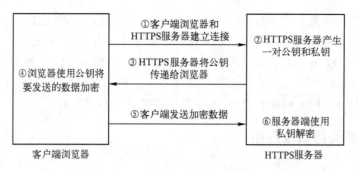

图 7-13　HTTPS 加解密机制

3. 数字证书

数字证书就是网络通信中标志通信各方身份信息的一系列数据，它提供了一种在 Internet 上验证用户身份的方式，其作用类似于司机的驾驶执照或日常生活中的身份证。它是由权威机构——CA（Certificate Authority，证书授权中心）发行的，人们可以在网络中用它来识别对方的身份。

数字证书是一个经证书授权中心数字签名，包含公开密钥拥有者信息以及公开密钥的文件。最简单的证书包含一个公开密钥、名称以及证书授权中心的数字签名。一般情况下证书中还包括密钥的有效时间、发证机关（证书授权中心）的名称、该证书的序列号等信息，证书的格式遵循 ITUT X.509 国际标准。

一个标准的 X.509 数字证书应包含以下一些内容：

1）证书的版本信息。

2）证书的序列号，每个证书都有一个唯一的证书序列号。

3）证书所使用的签名算法。

4）证书的发行机构名称，其命名规则一般采用 X.500 格式。

5）证书的有效期，现在通用的证书一般采用 UTC 时间格式，它的计时范围为 1950～2049 年。

6）证书所有人的名称，其命名规则一般也采用 X.500 格式。

7）证书所有人的公开密钥。

8）证书发行机构对证书的签名。

例如很多网上银行提供的 U 盾（一种用于身份认证和加密的硬件）中就包括银行给使用者颁发的数字证书，如图 7-14 所示。从图 7-14 中可以看出该数字证书的颁发者为 CCB CA ROOT，使用者为 y47764109，公钥算法为 RSA，数字签名算法为 sha1RSA，有效期到 2016 年 4 月 27 日。

主机插入 U 盾后，打开网上银行主页，浏览器会自动导入数字证书，可以在浏览器的"工具"菜单中的"Internet 选项"中查看数字证书，在其中选择"内容"选项卡，单击"证书"按钮，即可看到此时浏览器使用的证书，如图 7-15 所示。通过该证书可以确认使用者的身份，并且通过证书中的公钥将浏览器提交的数据加密。银行接收到加密的数据后，会用该数字证书用户的私钥进行解密。

4. 数字签名

数字签名（Digital Signature）又称为电子签名，是指基于非对称加密算法对电子文档进行防伪造或防篡改处理的技术。数字签章、数字水印等都是数字签名的表现形式。目前数字签名相关技术已经被广泛应用于电子商务、电子政务、软件版权保护、电子邮件安全等方面。

图 7-14　数字证书应用——网上银行 U 盾

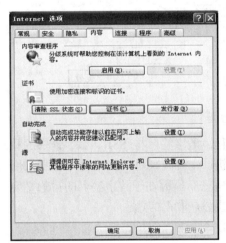

图 7-15　浏览器中查看数字证书

数字签名的作用主要包括以下几个方面。

1）签名的可信性：接收者相信签名者慎重地签署了这份文件。

2）签名的不可伪造性：别人不能伪造签名者签名。

3）签名的不可重用性：伪造者不可能将签名者的签名从一个文件移到另一个文件上。

4）签名的不可抵赖性：签名者事后不能声称他没有签过名。

数字签名和验证是一个私钥加密、公钥解密的过程，其流程如图 7-16 所示，具体步骤如下：

1）发送方（签名方）选择一种非对称算法生成公钥和私钥。

2）发送方先将要签名的消息通过 Hash 函数生成定长的消息摘要（长度一般为 128 位、256 位等）。如果不使用消息摘要而直接对消息进行签名的话，若原消息长度较长（如一本书），则生成的签名长度也很长，同时签名加密时要花费较多的时间。

3）发送方使用私钥对消息摘要进行加密生成签名。

4）发送方将消息和签名同时发送到接收方（验证方）或将其公布于众，同时公布的还有验证签名的公钥。

5）接收方采用和发送方同样的 Hash 函数将消息转换生成定长的消息摘要 1。

6）接收方使用发送方的公钥将签名解密生成另一个消息摘要 2。

7）接收方将消息摘要 1 和消息摘要 2 进行比对，如果消息和签名都没有被更改过，则消息摘要 1 和消息摘要 2 相等，证明签名有效；如果消息和签名中至少有一项被更改过，则消息摘要 1 和消息摘要 2 不相等，证明签名无效。

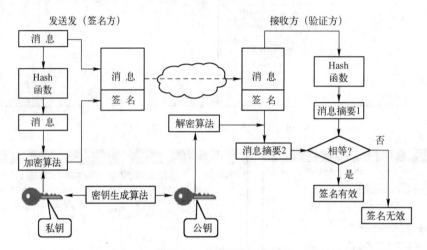

图 7-16　数字签名过程

由此可见，数字签名和验证也是一个加解密的过程。数字签名与 SSL、数字证书的相同点是都采用非对称加密算法且在网络上传输的都是公钥，主要区别是 SSL、数字证书采用公钥加密、私钥解密，而数字签名采用私钥加密、公钥解密。原因在于数字签名的目的是为了让公众验证信息，而 SSL、数字证书的目的是为了不让公众取得信息。

5. SET 协议

SET（Secure Electronic Transaction，安全电子交易）协议是由美国 Visa 和 MasterCard 两大信用卡组织提出的应用于 Internet 上的以信用卡为基础的电子支付系统协议。它采用公钥密码体制和 X.509 数字证书标准，主要应用于 B2C 模式中保障支付信息的安全性。SET 协议本身比较复杂，设计比较严格，安全性高，它能保证信息传输的机密性、真实性、完整性和不可否认性。在完成一次 SET 协议的交易过程中，一般需验证数字证书 9 次，验证数字签名 6 次，传递证书 7 次，进行签名 5 次，进行对称加密和非对称加密 4 次。

7.3　网络管理基础

国际标准化组织（ISO）定义了网络管理的 5 个功能域：故障管理、配置管理、安全管理、性能管理、计费管理。在实际应用中，主要通过 SNMP 及网络故障诊断工具进行网络管理。

7.3.1 SNMP

SNMP（Simple Network Management Protocol，简单网络管理协议）是专门用于网络管理的应用层协议。SNMP 管理的范围包括交换机、路由器、防火墙等网络设备以及服务器等终端，如图 7-17 所示，前提是在这些设备上安装了 SNMP 并被正确配置。管理内容包括网络状态监控、网络参数设定、网络流量的统计与分析、网络故障发现等。目前在大中型网络中普遍使用了 SNMP 进行管理，管理员可以足不出户地掌握整个网络的运行情况。SNMP 为了提高数据传输效率，在传输层使用 UDP 封装，服务器端使用 UDP 162 端口，客户端使用 UDP 161 端口。

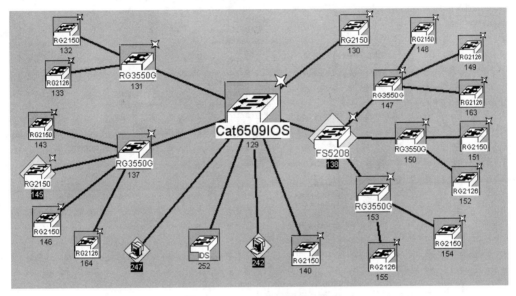

图 7-17 SNMP 被管对象示例

SNMP 的网络管理模型如图 7-18 所示，主要包括 3 部分。

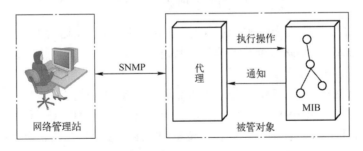

图 7-18 SNMP 的网络模型

1）网络管理站（Network Management Station，NMS）：相当于 SNMP 的服务器端，负责通过代理收集各被管对象的信息，并发出指令。

2）代理（Agent）：相当于 SNMP 的客户端，负责将被管对象的信息按时发送到网络管理站，并执行网络管理站发送的指令。

3）管理信息库（Management Information Base，MIB）：位于被管对象上的树形数据库

（图 7-19），存储了被管对象当前的运行状态，主要包括设备描述、接口状态、协议统计等。MIB 和 AGENT 一般都位于被管对象上。

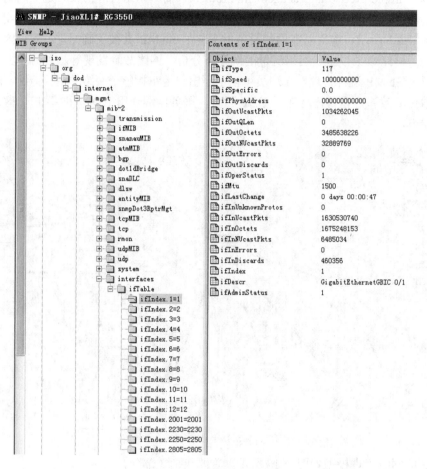

图 7-19　MIB 库树形结构

SNMP 工作过程主要采用轮询机制，即管理站定时向代理发送请求，代理从 MIB 中获取数据并响应管理站。但在发生突发事件时，代理也可以主动向管理站发送报告。SNMP 工作时使用的 5 种基本操作如下。

1）GET-REQUEST：由 NMS 发送，请求获取一个 MIB 变量值。

2）GET-NEXT REQUEST：由 NMS 发送，请求获取一个 MIB 变量值的下一行数据。由于 MIB 变量值有可能是一张表，例如接口变量中记录了多个接口的信息，因此查询时可以对这张表格先发送 GET-REQUEST 操作获取一行数据，再发送 GET-NEXT REQUEST 获取下一行数据。

3）GET-RESPONSE：由代理发送，用于响应 GET-REQUEST 或 GET-NEXT REQUEST 操作，返回查询结果。

4）SET-REQUEST：由 NMS 发送，用于设置一个 MIB 变量值，通过该操作可以对被管对象进行远程操作。

5）TRAP：由代理发送，当代理检测到被管对象发生突发事件时，如端口被关闭、生成树改变等情况，用 TRAP 操作向 NMS 进行报告。

　　在使用 SNMP 进行管理时，首先需要在被管对象上启用 SNMP 并进行配置，通过 UDP 161 端口定时发送信息。在网络管理站上也启用 SNMP 并通过 UDP 162 端口接收数据。由于 SNMP 数据结构和使用过程较为复杂，因此在网络管理站上可以使用网管软件以图形化的方式显示接收的数据，如图 7-20 和图 7-21 所示。常用网管软件包括 HP OpenView、Cisco Works、安奈特 SNMPc 等。

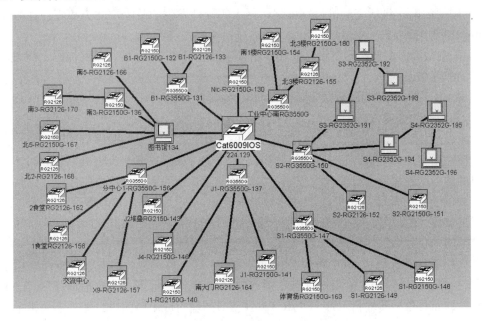

图 7-20　SNMP 网管软件主界面

图 7-21　SNMP 网管软件显示接口状态

7.3.2　网络故障诊断工具

　　即使是很简单的网络，故障也是难免的。随着网络的规模越来越大，协议越来越多，应用也越来越广泛。计算机网络环境越复杂，网络发生故障的可能性越大，引发故障的原因也越发难以确定。能够正确地维护网络，快速定位并修复故障，保持网络正常运转，也是网络管理者的一个重要职责。

1. 故障类别

常见的网络故障包括如下几个方面。

1）线路故障：在日常网络维护中，线路故障的发生率是相当高的，约占发生故障的70%。线路类型包括双绞线、同轴电缆和光纤等。线路故障通常包括线路损坏及线路受到严重电磁干扰等。

2）端口故障：端口故障通常包括插头松动、端口本身的物理故障以及端口被意外关闭。

3）硬件故障：包括交换机、路由器、网卡等硬件发生的故障，此类故障往往只能通过更换或修理硬件解决。

4）配置故障：主要指网络设备的配置错误以及主机的 IP 地址、子网掩码、网关、DNS等参数的配置错误。

其中1）～3）又称为物理故障，4）又称为逻辑故障。

2. 简单故障处理方法

刚组建局域网及简单局域网时，物理类故障会比较多，常见的故障有网卡问题、插头问题、线接触不良、掉电等。首先应初步确认故障位置，如果只有一台主机发生故障，往往是该主机的网卡或连接该主机的线缆故障；如果某一工作组的所有主机发生故障，则往往是该工作组中的交换机故障；如果整个局域网出现故障，则往往是出口设备（路由器、防火墙等）或出口线缆的故障。常见故障处理方法如下。

（1）网卡

首先检查插在计算机 I/O 插槽上的网卡的指示灯是否正常，网卡一般有两个指示灯："连接指示灯"和"信号传输指示灯"（图 7-22），正常情况下"连接指示灯"（LNK）应一直亮着，而"信号传输指示灯"（ACT）在信号传输时应不停闪烁。如"连接指示灯"不亮，应考虑连接故障，即网卡自身是否正常，安装是否正确，网线、集线器（交换机）是否有故障。如"信号传输指示灯"不闪，说明不能正常收发数据，应考虑是否存在配置故障。

（2）RJ-45 连接头

RJ-45 接头（俗称水晶头）容易出故障，例如，双绞线的头部没顶到 RJ-45 接头顶端，绞线未按照标准脚位压入接头，甚至接头规格不符或者是内部的绞线断了。镀金层厚度对接头品质的影响也是不容忽视的，例如镀得太薄，那么网线经过三五次插拔之后，容易把镀金层磨掉从而导致插头被氧化发生断线。可用测线仪（图 7-23）进行测试，或者使用替换法排除网线故障，即用通信正常的网线来连接故障机，如能正常通信，显然是网线故障。

图 7-22　网卡指示灯

图 7-23　RJ-45 测线仪

（3）交换机或路由器

正常连接时，对应端口的灯应亮着，如果线插入了灯没亮，要么是线路故障，要么是设备端口被关闭。此外还应检查是否有环路，即是否有一根线缆的两端插入同一台设备中。

（4）光纤接口

如果在局域网出口处使用光纤接入路由器或使用光纤收发器，则故障发生时，应检查光纤指示灯是否正常（图 7-24）、光纤接口是否松动、光纤头是否被污染以及两根光纤尾纤是否接反（一根光纤发送，另一根接收）。

图 7-24　光纤接口及指示灯

对于复杂网络来说，除了以上所列的物理故障之外，还应检查是否有逻辑故障。

3．网络测试与诊断工具

Windows、Linux 操作系统以及网络设备的操作系统都提供了一些测试和诊断工具，通过这些工具可以检测网络状态、发现故障原因，此外还可以使用一些第三方软件进行诊断。下面以 Windows 操作系统为例，讲解几种常用的网络测试命令。

（1）ipconfig 命令

ipconfig 命令可以查看本机的 IP 相关配置，包括 Mac 地址、IP 地址、子网掩码、默认网关、DNS 服务器等。无论使用静态 IP 或动态 IP 方式，都可以使用该命令查看。使用时一般结合/all 参数，见图 7-25。

```
C:\>ipconfig/all

Windows IP Configuration

        Host Name . . . . . . . . . . . . : zhuxun
        Primary Dns Suffix  . . . . . . . :
        Node Type . . . . . . . . . . . . : Unknown
        IP Routing Enabled. . . . . . . . : No
        WINS Proxy Enabled. . . . . . . . : No

Ethernet adapter 本地连接 3:

        Connection-specific DNS Suffix  . :
        Description . . . . . . . . . . . : Broadcom NetLink (TM) Fast Ethernet
        Physical Address. . . . . . . . . : 70-5A-B6-4C-9F-B5
        Dhcp Enabled. . . . . . . . . . . : No
        IP Address. . . . . . . . . . . . : 210.29.228.97
        Subnet Mask . . . . . . . . . . . : 255.255.255.192
        Default Gateway . . . . . . . . . : 210.29.228.65
        DNS Servers . . . . . . . . . . . : 210.29.224.21
```

图 7-25　ipconfig 命令

此外，在使用动态 IP 地址时，还可以使用 ipconfig/release 释放 DHCP 配置参数，使用 ipconfig/renew 重新从 DHCP 服务器获取 DHCP 配置参数。

（2）ping 命令

ping 命令通过在网络层发送 ICMP 数据包测试下三层的连通性，语法及主要参数含义如下（图 7-26）。

```
C:\>ping /?

Usage: ping [-t] [-a] [-n count] [-l size] [-f] [-i TTL] [-v TOS]
            [-r count] [-s count] [[-j host-list] ! [-k host-list]]
            [-w timeout] target_name

Options:
    -t              Ping the specified host until stopped.
                    To see statistics and continue - type Control-Break;
                    To stop - type Control-C.
    -a              Resolve addresses to hostnames.
    -n count        Number of echo requests to send.
    -l size         Send buffer size.
    -f              Set Don't Fragment flag in packet.
    -i TTL          Time To Live.
    -v TOS          Type Of Service.
    -r count        Record route for count hops.
    -s count        Timestamp for count hops.
    -j host-list    Loose source route along host-list.
    -k host-list    Strict source route along host-list.
    -w timeout      Timeout in milliseconds to wait for each reply.
```

图 7-26 ping 命令语法及参数

● target_name：目的地址，指被测试的计算机的 IP 地址或域名。
● -a：解析主机地址。
● -n：数量，发出的测试包的个数，默认值为 4。
● -l：数值，所发送测试包的大小。
● -t：继续执行 ping 命令，直到用户按〈Ctrl+C〉组合键终止。

例如，图 7-27 所示的结果表明：ping 目的地址为 119.75.218.70，共发送了 4 个 ICMP 数据包，有 3 个有应答，最后 1 个响应超时（Request timed out），说明线路基本通畅，但有丢包情况发生。"bytes=32"表示发送的 ICMP 包大小为 32 字节，"time=26ms"表示应答时间为 26ms，"TTL=50"表示到目的地址后 TTL 值为 50。最后显示的是统计信息（statistics），共发送 4 个包，接收到 3 个包，丢失率为 25%，响应时间最小为 26ms，最大为 26ms，平均为 26ms。

```
C:\>ping www.baidu.com

Pinging www.a.shifen.com [119.75.218.70] with 32 bytes of data:

Reply from 119.75.218.70: bytes=32 time=26ms TTL=50
Reply from 119.75.218.70: bytes=32 time=26ms TTL=50
Reply from 119.75.218.70: bytes=32 time=26ms TTL=50
Request timed out.

Ping statistics for 119.75.218.70:
    Packets: Sent = 4, Received = 3, Lost = 1 (25% loss),
Approximate round trip times in milli-seconds:
    Minimum = 26ms, Maximum = 26ms, Average = 26ms
```

图 7-27 ping 示例 1

如线路不通时，使用 ping 命令测试会一直显示响应超时，如图 7-28 所示。

```
C:\>ping 192.168.211.2

Pinging 192.168.211.2 with 32 bytes of data:

Request timed out.
Request timed out.
Request timed out.

Ping statistics for 192.168.211.2:
    Packets: Sent = 4, Received = 0, Lost = 4 (100% loss),
```

图 7-28 ping 示例 2

当网络不稳定时，还可以使用-t 参数持续 ping 以观察丢包情况，如图 7-29 所示。

```
C:\>ping -t www.baidu.com

Pinging www.a.shifen.com [119.75.218.70] with 32 bytes of data:

Reply from 119.75.218.70: bytes=32 time=26ms TTL=50
Reply from 119.75.218.70: bytes=32 time=26ms TTL=50
Request timed out.
Reply from 119.75.218.70: bytes=32 time=26ms TTL=50
Reply from 119.75.218.70: bytes=32 time=26ms TTL=50
Request timed out.
Reply from 119.75.218.70: bytes=32 time=26ms TTL=50
Request timed out.
Reply from 119.75.218.70: bytes=32 time=26ms TTL=50
Reply from 119.75.218.70: bytes=32 time=26ms TTL=50
Request timed out.
Reply from 119.75.218.70: bytes=32 time=26ms TTL=50
Reply from 119.75.218.70: bytes=32 time=26ms TTL=50
Reply from 119.75.218.70: bytes=32 time=26ms TTL=50
Reply from 119.75.218.70: bytes=32 time=26ms TTL=50
Reply from 119.75.218.70: bytes=32 time=26ms TTL=50
Reply from 119.75.218.70: bytes=32 time=26ms TTL=50

Ping statistics for 119.75.218.70:
    Packets: Sent = 18, Received = 14, Lost = 4 (22% loss),
Approximate round trip times in milli-seconds:
    Minimum = 26ms, Maximum = 26ms, Average = 26ms
```

图 7-29 ping 示例 3

（3）tracert 命令

tracert 是 trace route（跟踪路由）的缩写，执行该命令可以返回源 IP 到目的 IP 中间经过的每一跳地址，这些地址一般代表了路由过程中的每一个路由器。如图 7-30 所示的 tracert 结果显示从本机到 www.baidu.com 所在的服务器 119.75.218.70 共有 11 跳，经过的 10 个中间节点依次是 122.94.200.1，222.45.70.137，…，10.65.190.131。

```
C:\>tracert www.baidu.com

Tracing route to www.a.shifen.com [119.75.218.70]
over a maximum of 30 hops:

  1    33 ms    30 ms    31 ms  122.94.200.1
  2    31 ms    31 ms    31 ms  222.45.70.137
  3    30 ms    31 ms    46 ms  222.45.238.149
  4    46 ms    31 ms    46 ms  222.45.238.1
  5    62 ms    62 ms    62 ms  61.237.123.165
  6    62 ms    62 ms    62 ms  61.233.9.202
  7    62 ms    62 ms    61 ms  222.35.251.110
  8    62 ms    62 ms    62 ms  222.35.251.202
  9    62 ms    62 ms    62 ms  bogon [192.168.0.5]
 10    62 ms    62 ms    62 ms  bogon [10.65.190.131]
 11    62 ms    62 ms    62 ms  119.75.218.70

Trace complete.
```

图 7-30 tracert 示例 1

tracert 命令的原理如下：在 IP 数据包中有一个 TTL 字段，IP 包每经过一个路由器该字段值就被减 1，当某路由器将 TTL 值减 1 后发现 TTL 值为 0 时，该路由器将丢弃该数据包（因为再传下去的话 TTL 会变成负值，这是 IP 协议不允许的），并同时发送一个 ICMP 报文向源 IP 报告该错误。tracert 依次发送 TTL 值为 1、2、3…的 IP 包，即可根据返回的 ICMP 报文得知每一跳的地址。

tracert 命令经常被用于诊断网络的故障点，当目的 IP 无法到达时（即 ping 不通时），可以使用 tracert 查看数据传输到哪个路由器开始发生了中断。如图 7-31 所示的情况，可以看到故障点在路由器 202.119.129.34 及其下一跳路由器之间。

```
C:\>tracert 210.29.228.97

Tracing route to 210.29.228.97 over a maximum of 30 hops

  1    26 ms    31 ms    31 ms   122.94.200.1
  2    31 ms    31 ms    31 ms   222.45.70.1
  3    31 ms    31 ms    30 ms   222.45.237.189
  4    31 ms    31 ms    31 ms   222.45.237.5
  5    46 ms    46 ms    46 ms   61.237.97.93
  6    46 ms    46 ms    46 ms   61.237.112.6
  7    62 ms    62 ms    62 ms   202.38.123.69
  8    62 ms    62 ms   109 ms   202.112.53.177
  9    62 ms    62 ms    62 ms   202.112.36.70
 10    62 ms    62 ms    62 ms   202.112.36.250
 11    62 ms    62 ms    62 ms   202.112.53.26
 12    62 ms    62 ms    62 ms   zhz1.cernet.net [202.112.38.114]
 13    62 ms    62 ms     *      202.119.129.109
 14    61 ms    62 ms    77 ms   202.119.129.34
 15     *        *        *      Request timed out.
 16     *        *        *      Request timed out.
 17     *        *        *      Request timed out.
```

图 7-31   tracert 示例 2

tracert 命令也经常被用于诊断路由协议配置是否正确，特别是当一个局域网有多个出口时，可以使用 tracert 查看路由选择的结果并进行优化。例如某公司局域网有中国电信和中国网通两个出口，但访问电信网内的某服务器速度较慢，此时可以使用 tracert 进行测试，结果发现访问该服务器的数据包从网通出口被转发出局域网，因此可以修改局域网出口设备上的路由表，使访问该服务器的数据包从电信出口被转发，从而提高访问速度。

（4）netstat 命令

netstat 命令可以显示协议的有关统计信息和当前 TCP/IP 网络连接的情况，用户或管理员可以得到详尽的统计信息结果，包括使用或打开的端口、正在使用的协议、收到和发出的数据、被连接的远程系统的端口等。当没有安装网络管理软件，但要详细了解网络的使用状况时，可以使用该命令。

netstat 命令格式如下：

netstat [-a] [-e] [-n] [-o] [-p proto] [-r] [-s] [interval]

各参数含义如下。

- -a：显示所有与该主机建立连接和正在监听的端口信息。如果省略，则不会显示监听端口；
- -e：显示以太网的统计信息，该参数一般与-s 参数共同使用；
- -n：以数字格式显示地址和端口信息，如果省略，则会显示相对应的服务名；
- -o：显示端口所属的进程 ID；

- -p proto：显示 proto 指定的协议的连接；
- -r：显示路由表；
- -s：显示每个协议的统计情况，这些协议主要有 TCP、UDP、ICMP 和 IP；
- interval：重新显示选定统计信息，每次显示之间暂停时间间隔（以秒计）。按〈CTRL+C〉组合键停止重新显示统计信息。如果省略，netstat 显示当前配置信息（只显示一次）。

例如，使用 netstat –e 显示以太网统计信息，如图 7-32 所示，包括接收和发送的字节数、单播包数量、非单播包数量、丢弃包数量、错误包数量等。

```
C:\>netstat -e
Interface Statistics

                           Received            Sent

Bytes                    1358503800       543667353
Unicast packets             1594367         1520446
Non-unicast packets           83310           11638
Discards                          0               0
Errors                            0              13
Unknown protocols              3472
```

图 7-32　netstat 示例 1

使用 netstat –ano 以数字形式显示所有监听和打开的端口以及相应的进程编号（图 7-33），"Proto"列表示协议，"Local Address"列表示本机 IP 及端口，"Foreign Address"列表示对端 IP 及端口（处于监听状态时对端 IP 被显示为 0.0.0.0），"State"表示当前状态，常见状态包括"Listening（监听）"和"Established（已连接）"，"PID"表示打开该端口的进程编号。

```
C:\>netstat -ano

Active Connections

  Proto  Local Address          Foreign Address        State           PID
  TCP    0.0.0.0:21             0.0.0.0:0              LISTENING       532
  TCP    0.0.0.0:135            0.0.0.0:0              LISTENING       1128
  TCP    0.0.0.0:445            0.0.0.0:0              LISTENING       4
  TCP    0.0.0.0:1034           0.0.0.0:0              LISTENING       532
  TCP    0.0.0.0:1433           0.0.0.0:0              LISTENING       2724
  TCP    0.0.0.0:3306           0.0.0.0:0              LISTENING       2892
  TCP    0.0.0.0:3389           0.0.0.0:0              LISTENING       1080
  TCP    0.0.0.0:6000           0.0.0.0:0              LISTENING       2780
  TCP    0.0.0.0:6001           0.0.0.0:0              LISTENING       3224
  TCP    0.0.0.0:7909           0.0.0.0:0              LISTENING       4344
  TCP    0.0.0.0:9000           0.0.0.0:0              LISTENING       2816
  TCP    0.0.0.0:18386          0.0.0.0:0              LISTENING       2552
  TCP    0.0.0.0:19347          0.0.0.0:0              LISTENING       2552
  TCP    127.0.0.1:1025         0.0.0.0:0              LISTENING       900
  TCP    127.0.0.1:1027         0.0.0.0:0              LISTENING       1672
  TCP    127.0.0.1:1040         0.0.0.0:0              LISTENING       3412
  TCP    127.0.0.1:1051         0.0.0.0:0              LISTENING       1180
  TCP    127.0.0.1:1143         127.0.0.1:1144        ESTABLISHED     2816
  TCP    127.0.0.1:1144         127.0.0.1:1143        ESTABLISHED     2816
  TCP    127.0.0.1:1434         0.0.0.0:0              LISTENING       2724
```

图 7-33　netstat 示例 2

7.4　应用案例

案例描述：
公司领导发现上班时间经常有人聊天、打游戏等，交给小朱一个任务：只允许公司内网

123

用户通过 Internet 使用网页查找资料、使用 FTP 上传下载文件、收发电子邮件，其余应用一律禁止，如果有特殊应用可单独申请并经领导批准后开通；同时为了提高公司网络的安全性，应禁止外网主动访问内网除服务器以外的普通办公计算机。已知公司网络拓扑如图 7-34 所示。

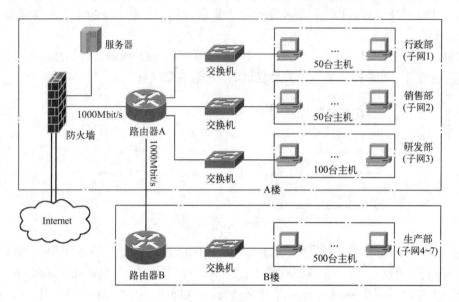

图 7-34　公司网络拓扑

案例分析：

由于公司配置的是状态检测型硬件防火墙，公司领导的要求通过防火墙都可以实现，需要在防火墙上配置访问控制列表（ACL）实现控制策略。

解决方案：

小朱的解决方案如下。

由于访问网页的 HTTP 使用 TCP80 端口，FTP 使用 TCP21 端口，上传邮件的 SMTP 使用 TCP25 端口，下载邮件的 POP3 使用 TCP110 端口，防火墙上应配置如下 ACL 策略，见表 7-1。具体配置语句可参考各防火墙的配置手册。

表 7-1　防火墙策略表

数据方向	编号	允许/拒绝	协议	源 IP	源端口	目的 IP	目的端口
出	1	允许	TCP	所有	所有	所有	80（HTTP）
	2	允许	TCP	所有	所有	所有	21（FTP）
	3	允许	TCP	所有	所有	所有	25（SMTP）
	4	允许	TCP	所有	所有	所有	110（POP3）
	5	拒绝	IP	所有	—	所有	—
进	1	允许	IP	所有	—	服务器 IP	—
	2	拒绝	IP	所有	—	所有	—

关于表 7-1 的 ACL 配置，需要说明的是：

1）ACL 既可以过滤进来的数据，也可以过滤出去的数据。

2）如果针对 IP 地址进行过滤，应在过滤条目中指明协议为 IP；如果针对端口进行过滤，应在过滤条目中指明协议为 TCP 或 UDP。

3）ACL 过滤数据包时会按照条目依次过滤，一旦发现某条目允许该数据包通过就不会再继续执行剩余条目。例如内部用户向 POP3 服务器请求下载邮件，出方向的条目 4 允许该数据包通过，条目 5 就不会被执行。因此该表中的允许和拒绝条目并不冲突。

4）进入内网的数据包分为两类：外网主动访问内网的数据包和由内网访问外网而返回的数据包。状态检测防火墙会自动记录访问状态，外网主动访问内网的数据包会按照 ACL 中的进方向条目 1 和条目 2 过滤，而由内网访问外网而返回的数据包不会被 ACL 所过滤。例如内部用户向 POP3 服务器请求下载邮件，返回的邮件不会被进方向的条目 2 拒绝。

5）表 7-1 中的进方向条目 1 实际上开放了服务器的所有端口，即外网可以访问该服务器的所有 TCP 和 UDP 端口，此时该服务器相当于没有得到任何防火墙的保护，安全性较差。更安全的做法是仅开放服务器提供服务的端口，例如该服务器提供 HTTP 和 Telnet 服务，则应仅开放 80 和 23 端口。

7.5 本章小结

目前网络建设变得越来越方便，但网络安全问题却日益严峻，网络安全涉及的原理和技术相对复杂，因此作为网络管理者，需要了解常见的网络攻击手段，以便更好地进行防御。密码学对于提高数据传输的安全性相当重要，需要理解对称加密算法和非对称加密算法及常见的加解密应用。

在网络建设完成后，网络管理和维护是网络管理员的重要工作。对于大中型局域网和广域网的维护，一般需要使用 SNMP，通过该协议可以详细地了解网络的运行状态和故障点。对于中小型局域网来说，网络故障也会经常发生，需要掌握常见的故障类型及测试与诊断工具。

习题

一、选择题

1．预探测和扫描的内容不包括（　　）。

    A．IP 地址　　　　B．端口　　　　　C．病毒　　　　D．操作系统及用户组

2．下列关于木马的说法错误的是（　　）。

    A．木马由服务器程序和控制器程序两部分组成

    B．服务器程序被下载后就会立刻运行

    C．木马服务器程序可以是一个单独的程序，也可以嵌入其他程序

    D．一个控制器程序可以远程控制一个或多个服务器程序

3．SYN-FLOOD 攻击利用了（　　）的漏洞。

    A．操作系统　　　B．缓冲区　　　　C．数据库　　　　D．TCP 协议

4. DoS 和 DDoS 攻击是指（　　）。

   A. 入侵对方主机的 DOS 操作系统

   B. 获取对方主机的 DOS 账户密码

   C. 使用 DOS 病毒攻击对方主机

   D. 消耗对方主机的资源使其不能提供正常的网络服务

5. 包过滤防火墙的过滤 IP 数据包规则不包括（　　）。

   A. 源/目的 Mac 地址　　　　　　　　B. 源/目的 IP 地址

   C. 源/目的 IP 网络　　　　　　　　　D. 源/目的 TCP/UDP 端口

6. 密钥是指（　　）。

   A. 加解密算法　　　　　　　　　　　B. 一种密码

   C. 加解密算法中的参数　　　　　　　D. 保管加密系统的钥匙

7. 关于加解密算法说法错误的是（　　）。

   A. 加解密算法分为对称加解密算法和非对称加解密算法

   B. 非对称加解密算法中的"非对称"是指加密算法和解密算法不一样

   C. 对称加解密算法不适用于在网络上进行加解密

   D. 非对称加解密算法中的公钥不能推算得出私钥

8. 使用私钥加密，公钥解密的是（　　）。

   A. SSL　　　　　　B. HTTPS　　　　　C. 数字证书　　　D. 数字签名

9. 专门用于网络管理的协议是（　　）。

   A. SNMP　　　　　B. SMTP　　　　　　C. SET　　　　　D. ICMP

10. 可以查看本机 Mac 地址的命令是（　　）。

   A. ping　　　　　　B. ipconfig　　　　　C. ipconfig/all　　D. tracert

二、简答题

1. 什么是病毒和木马？两者有什么区别？

2. 简述 ARP 欺骗攻击和 IP 欺骗攻击的原理。

3. 什么是防火墙和入侵检测系统？两者有什么区别？

第 8 章　无线网和物联网

学习目标

1. 掌握无线局域网标准、设备和组网结构；
2. 了解物联网及其应用。

建议实训

实训 20：无线路由器连接 Internet

8.1　无线网

无线网络是无线通信技术和计算机网络技术相结合的产物，一般按照传输距离将其分为无线个域网、无线局域网、无线广域网等。其中无线局域网使用最为广泛，无线个域网有时也被包含在无线局域网的范围内，本书重点讨论无线局域网。

无线局域网（Wireless Local Area Network，WLAN）指使用无线传输介质且传输距离在1000m 以内的局域网，目前主要使用 IEEE 802.11 标准，业界成立了使用该标准的 Wi-Fi 联盟。无线局域网适用于家庭、楼宇和园区，具有部署简单、接入便捷、成本低廉等特点，目前已得到广泛应用。

8.1.1　无线局域网标准

1. IEEE802.11 标准（Wi-Fi）

美国电气和电子工程师协会于 1997 年通过了 IEEE 802.11 标准，该标准基于红外线和扩展频谱技术，定义了 OSI 模型的物理层和介质访问控制（MAC）子层的无线传输实现方式，是目前无线局域网中使用最为广泛的技术标准。IEEE 802.11 标准系列中常见子标准及其参数如表 8-1 所示。

表 8-1　IEEE 802.11 标准系列

标准名称	定义时间	无线频率/Hz	最高传输速率/（bit/s）	最大传输距离/m	说　明
802.11	1997	2.4G	2M	100	已淘汰
802.11a	1999	5G	54M	80	使用较少
802.11b	1999	2.4G	11M	100～300	—
802.11g	2003	2.4G	54M	100～300	兼容 802.11b
802.11n	2009	2.4G/5G	300M（单频）/600M（双频）	1000	—

在 802.11 系类标准中，目前使用较多的是 802.11b、802.11g、802.11n 这 3 个标准。其

中 802.11b 及其兼容标准使用最为广泛，又称为 Wi-Fi（Wireless Fidelity，无线保真），其室外无障碍最大传输距离为 300m。实际上 Wi-Fi 是一个商标（图 8-1），1999 年 Intel 公司联合众多实力厂商组成联盟，该联盟对符合 802.11b 标准的产品进行认证，通过者发给 Wi-Fi 商标标志。目前 Wi-Fi 已被广泛应用于网络设备、个人计算机、手机、数码相机等产品。802.11n 是该系列中最新的标准，得益于 MIMO（多入多出）与 OFDM（正交频分复用）技术，可以将 WLAN 的传输速率提高到 300Mbit/s 甚至 600Mbit/s。

2. IEEE 802.15.1（蓝牙）

1998 年 5 月，爱立信、诺基亚、东芝、IBM 和英特尔公司等著名厂商，在联合开展短程无线通信技术的标准化活动时提出了蓝牙（Bluetooth）技术，其标志如图 8-2 所示，旨在提供一种短距离、低成本的无线传输应用技术，并成立了蓝牙特别兴趣组（Bluetooth Special Interest Group，SIG），后来 IEEE 将其定义为 802.15.1 标准。

图 8-1　Wi-Fi 标志　　　　　　　　　图 8-2　蓝牙标志

蓝牙工作在全球开放的 2.4GHz 无线频段，使用该频段无需申请许可证，因而使用蓝牙不需支付任何频段使用费。蓝牙的数据传输速率为 1Mbit/s，最大传输距离为 10m，可同时连接 7 个设备，芯片大小为 9mm×9mm，使用时分复用的全双工传输方案。2009 年，蓝牙 3.0 标准推出，数据传输速率提高到了 24Mbit/s，使其传输多媒体信息的能力增强。

蓝牙是一种开放的技术规范，由于其短距离、小体积、低功耗、低成本等特点，适用于个人操作空间，例如可以通过蓝牙将个人的笔记本、手机、耳机、鼠标、打印机等相连，所以有时又被称为无线个域网。

8.1.2　无线局域网设备

1. 无线接入点

无线网络接入点（Wireless Network Access Point，简称 AP）和有线局域网中的集线器功能类似，用于接收、发送、放大无线信号，如图 8-3 所示。一个无线 AP 可以在几十米至几百米的范围内连接多达 256 个终端，使用多个无线 AP，可以覆盖较大的范围，使终端移动时保持不间断的网络连接，实现无线漫游。

图 8-3　无线接入点

但由于所有终端共享带宽，需要根据使用的无线协议确定每个 AP 连接多少个终端才能达到较高的性价比。例如采用 802.11b 协议，每个 AP 的共享带宽为 11Mbit/s，则每个 AP 连接的终端不宜超过 20 个；采用 802.11n 协议，每个 AP 的共享带宽为 300Mbit/s，则每个 AP 连接的终端可以达到数百台。

AP 又分为 Fat AP（胖 AP）和 Fit AP（瘦 AP），区别如下：

1）胖 AP 可以单独进行配置，不能集中管理，适用于网络中 AP 数量较少的情况。组网方式如图 8-4 所示。

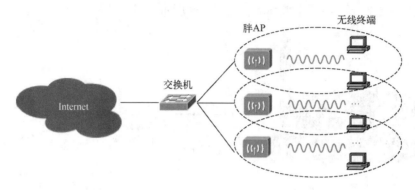

图 8-4　胖 AP 典型组网结构

2）瘦 AP 本身不能进行配置，需要一台专门的设备（无线控制器）进行管理配置，适用于网络中 AP 数量较多的情况。组网方式如图 8-5 所示。

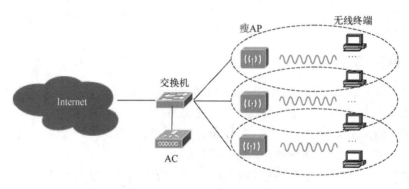

图 8-5　瘦 AP+AC 典型组网结构

2. 无线控制器

无线控制器（Wireless Access Point Controller，简称 AC）用来集中化控制瘦 AP，如图 8-6 所示，是一个无线网络的核心，对 AP 管理包括：下发配置、修改相关配置参数、射频智能管理、接入安全控制等。

图 8-6　无线控制器

使用瘦 AP+AC 的方式组建无线局域网，对于 AP 较多且不同 AP 配置一样的网络，可以使用 AC 将同样的配置下发给多个 AP，从而提高部署效率，并且便于管理和维护。

3. 无线路由器

无线路由器（图 8-7）可以接入有线网络的末端，集成了无线 AP 和路由器的功能，可以实现无线数据传输以及路由选择。组网时无线路由器使用有线方式连接上一级网络，使用无线或有线方式连接下一级网络或终端，如图 8-8 所示。

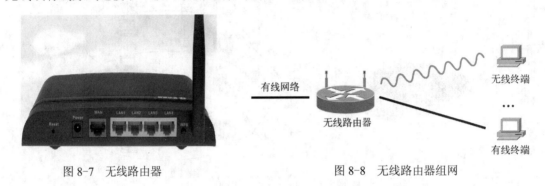

图 8-7　无线路由器　　　　　　　　　图 8-8　无线路由器组网

思考：无线 AP 和无线路由器分别工作在 OSI 模型的哪一层？在功能上有何区别？

8.2　物联网

8.2.1　物联网概述

物联网（Internet of Things，IoT）指通过射频识别、红外感应器、全球定位系统、激光扫描器等信息传感设备，按约定的协议，把任何物品与互联网连接起来，进行信息交换和通信，以实现智能化识别、定位、跟踪、监控和管理的一种网络。

和传统的互联网相比，物联网有其鲜明的特征：

1）物联网是一种泛在网络。物联网通过各种有线或无线网络与互联网融合，将物体的信息实时准确地采集并传递出去，在传输过程中为了保障数据的正确性和及时性，必须适应各种异构网络和协议。

2）物联网是各种感知技术的广泛应用。物联网上部署了海量的多种类型的传感器，每个传感器都是一个信息源，不同类别的传感器所捕获的信息内容和信息格式不同。传感器按一定的频率采集并更新数据，获得的数据具有实时性。

3）物联网具有智能处理的能力。物联网可以利用云计算、模式识别、神经网络等各种智能技术，从传感器获得的海量信息中分析、加工和处理出有意义的数据，对终端物体进行反向的智能控制。

物联网所涉及的关键技术，例如无线射频技术、分布式计算、传感器、无线传输和互联网都是目前较为成熟的技术，并在相关领域已得到广泛的应用。物联网利用这些技术的交叉与融合，建立一个"物"与"物"相连的网络，从而完成远程实时数据交换与控制。

8.2.2 物联网体系结构及关键技术

1. 体系结构

从体系架构上来看，物联网可分为 3 层：感知层、网络层和应用层。如图 8-9 所示。

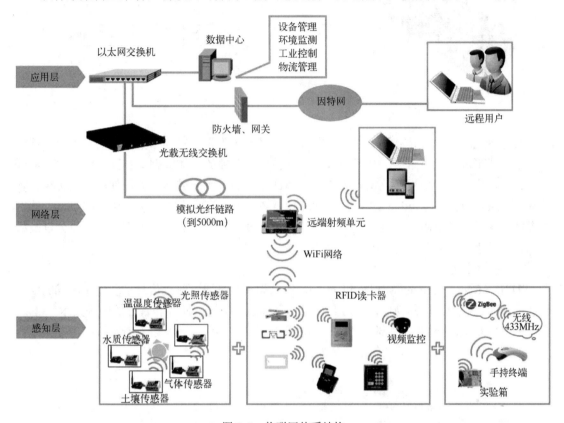

图 8-9 物联网体系结构

1）感知层：由各种传感器、无线射频芯片、图像监控和识别设备等构成，包括温度传感器、湿度传感器、二氧化碳浓度传感器、二维码标签、RFID 标签和读写器、摄像头、GPS 等感知终端。感知层的作用相当于人的眼耳鼻喉和皮肤等神经末梢，它是物联网识别物体、采集信息的来源。

2）网络层：由各种局域网络、互联网、有线网络、无线网络、移动通信网络、网络管理系统、中间件和云计算平台等组成，相当于人的神经中枢和大脑。其中各种网络负责传递和处理感知层获取的信息，中间件和云计算平台可对网络中的大量信息进行整合，进而为上层大规模的行业应用建立一个高效且可靠的网络计算平台。

3）应用层：是物联网和用户（包括人、组织和其他系统）的接口，它与行业需求结合，实现物联网的智能应用。典型的应用有智能交通、绿色农业、工业监控、动物标识、远程医疗、智能家居、环境检测、公共安全、食品溯源、城市管理、智能物流等。

2. 关键技术

（1）传感器和传感网

传感器（图 8-10）是指能感受规定的被测量并按照一定的规律转换成可用信号的器件

或装置，通常由敏感元件和转换元件组成。传感器的主要组成部分如图 8-11 所示。

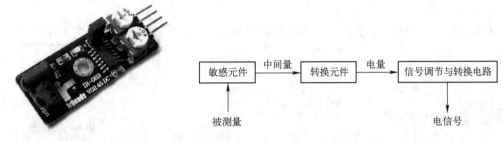

图 8-10 传感器　　　　　　　图 8-11 传感器的主要组成部分

传感器网络（简称传感网）是由部署在监测区域内大量传感器节点组成，通过有线或无线通信方式形成自组织网络，从而获取大量的被检测对象的感知数据。和互联网相比，物联网的终端较为分散，使用环境也较为复杂，因此布线的难度和成本较大，使用无线传输技术（包括 Wi-Fi、蓝牙、ZigBee 等）的传感网络要多于使用有线方式连接的传感网络。传感网可探测的数据包括电磁、温度、湿度、噪声、光强度、压力、颜色、地震、土壤成分以及移动物体的大小、速度和方向等。

（2）射频识别

RFID（Radio Frequency Identification，射频识别）是通过射频信号实现无接触式的信息传递，从而自动识别目标物体，并对其信息进行标志、登记、储存和管理的一种技术。

RFID 系统主要由 3 部分组成：电子标签（Tag）、天线（Antenna）和读写器（Reader），如图 8-12 所示。各部分功能如下。

图 8-12 RFID 组成

● 电子标签：电子标签芯片具有数据存储区，用于存储待识别物品的标识信息。
● 读写器：将约定格式的待识别物品的标识信息写入电子标签的存储区中（写入功能），或在读写器的阅读范围内以无接触的方式将电子标签内保存的信息读取出来（读出功能）。
● 天线：用于发射和接收射频信号，往往内置在电子标签和读写器中。

RFID 系统工作原理如下：
● 读写器通过发射天线发送一定频率的射频信号；
● 当电子标签进入发射天线工作区域时产生感应电流，它获得能量被激活，并将自身编码等信息通过卡中内置发送天线发送出去；
● 系统接收天线接收到从电子标签发送来的载波信号，经天线调节器传送到读写器，读写器对接收的信号进行解调和解码，然后送到后台主系统进行相关处理；
● 主系统根据逻辑运算判断该卡的合法性，针对不同的设定做出相应的处理和控制，发出指令信号控制执行机构动作。

RFID 按工作频率的不同分为低频（LF）、高频（HF）、超高频（UHF）、微波（MW），其频率分别为：低频 135kHz 以下、高频 13.56MHz、超高频 860~960MHz、微波 2.4GHz。超高频标签因其具有可识别距离远和成本低的优势，未来将有望逐渐成为主流。RFID 的典型应用有一卡通系统、NFC、第二代身份证、电子门禁系统、不停车收费系统等。

（3）GPS

GPS（Global Positioning System，全球定位系统）是指利用卫星，在全球范围内实时进行定位、导航的系统，其原理是测量出已知位置的卫星到用户接收机之间的距离，然后综合多颗卫星的数据就可知道接收机的具体位置（经度和纬度）。GPS 广泛应用于智能交通，可结合车载 GPS 导航仪中的电子地图实现高精度、全天候的定位和导航。

8.2.3 物联网典型系统及应用

1. 移动支付

移动支付也称手机支付，指用户使用移动终端对所消费的商品或服务进行账务支付的一种方式。移动支付具有更好的便捷性，可以随时、随地实现银行转账支付、公交地铁刷卡、超市购物、购买电影票，甚至缴纳水电费等支付与结算过程。

移动支付原理如图 8-13 所示，系统为每个移动用户建立一个与其手机号码关联的支付账户，并绑定银行卡或其他支付卡，根据支付方式分为近场支付和扫码支付两种：

1）近场支付基于 NFC（Near Field Communication，近场通信）技术，通过 RFID 使用手机近距离（接触或非接触）刷卡，要求手机含有 RFID 标签，POS 机中含有 RFID 读写器。

2）扫码支付指通过扫描条形码、二维码等方式，进行购物、比价、查询，又被称为"闪购"，如图 8-14 所示。

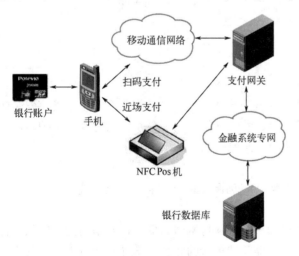

图 8-13　移动支付原理

图 8-14　闪购

2. 智能物流

智能物流能够实现车辆定位、货物跟踪、运行统计、电子围栏、短信通知等功能，可以降低物流运营成本、提高服务质量、加快响应时间、提高客户满意度。物联网关键技术诸如物体标识及追踪、无线定位等新型信息技术应用，能够完成数据采集、交换与传递（图 8-15），主动跟踪和监控运输过程与货物（图 8-16），实现物流的自动化和智能化，并可对物流客户的需求、商品库存、物流智能仿真等做出决策。

图 8-15　物流数据采集、交换与传递

时间	地点和跟踪进度
2010-07-30 21:02	德阳 派件已 签收，签收人是 门卫
2010-07-30 09:43	德阳 城北刘大旭 正在派件
2010-07-30 08:43	快件到达 德阳，正在分捡中，上一站是 成都
2010-07-29 22:44	快件离开 成都，已发往 德阳
2010-07-29 04:11	快件到达 成都，正在分捡中，上一站是 东莞中心
2010-07-28 00:55	快件离开 广州中心，已发往 成都
2010-07-28 00:46	快件到达 广州中心，正在分捡中，上一站是 广州花都
2010-07-27 21:03	快件离开 广州花都，已发往 广州中心

图 8-16　物流跟踪和监控

3. 智能家庭

智能家庭集数字化、信息化、自动化服务为一体，通过网关将生活家电设备、安全防护系统等进行智能化集成，并可连接宽带网络、移动网络和电话系统，具有安全防护、电器设备管理、家庭娱乐、家庭通信等智能化功能，如图 8-17 所示。

4. 智能交通

智能交通的范畴包括交通监控指挥网络、车辆调度系统、全球定位系统、不停车收费系统、紧急救援系统、无人驾驶技术等。

交通监控指挥网络通过遍布街道的摄像头和一些检测传感器，以及信息处理的软硬件系统，进行交通流量实时分析、预测，建立车辆反馈指挥的体系，诱导、分流车辆，预判和防止交通事故，从而改善城市交通状况、保证交通安全、提高运输效率，如图 8-18 所示。

不停车收费系统（图 8-19）是目前先进的路桥收费方式，实现不需停车而能交纳路桥费的目的，可以使收费站的通行能力提高 3~5 倍。不停车收费系统需要在收费点安装路边设备（一般为 RFID 读写器），并在行驶车辆上安装车载单元设备（一般是贴在挡风玻璃上的 RFID 标签），采用短程无线通信技术完成路边设备与车载设备之间的通信。车载单元存有车辆的标识码和其他有关车辆属性的数据，当车辆进入识别区时，能将这些数据传送给路边设备，同时也可接收记录由路边设备发送的有关数据。

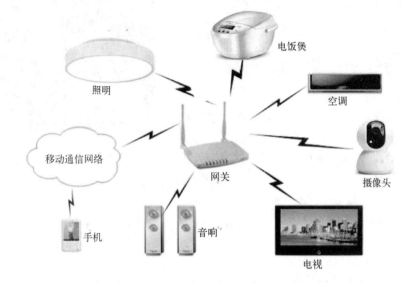

图 8-17　智能家庭示例

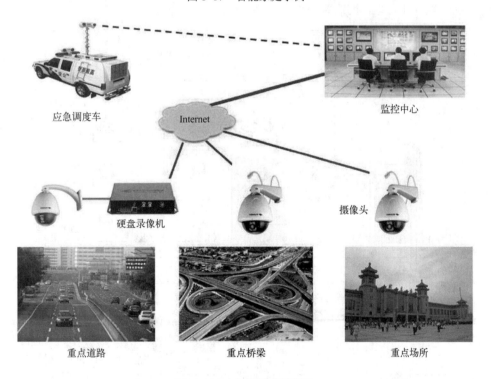

图 8-18　交通监控指挥网络

无人驾驶技术指辅助驾驶员驾驶汽车或替代驾驶员自动驾驶汽车的系统。该系统通过安装在汽车前部和旁侧的雷达或红外探测仪，可以准确地判断车与障碍物之间的距离，遇紧急情况，车载电脑能及时发出智能交通警报或自动刹车避让，并根据路况自己调节行车速度。

思考：你还见过哪些物联网应用？

8.3 应用案例

案例描述：

公司领导发现公司内部使用笔记本和智能手机的员工越来越多，交给小朱一个任务：建立覆盖公司范围的 WLAN（无线局域网），以方便笔记本电脑和智能手机上网。

图 8-19　不停车收费系统

案例分析：

可使用无线 AP 实现公司 WLAN 的覆盖。

解决方案：

小朱的解决方案如下。

在 A 楼和 B 楼各增加一台交换机，各自连接若干无线 AP 实现 WLAN 覆盖，并通过 AC 进行统一配置和管理，网络拓扑如图 8-20 所示。

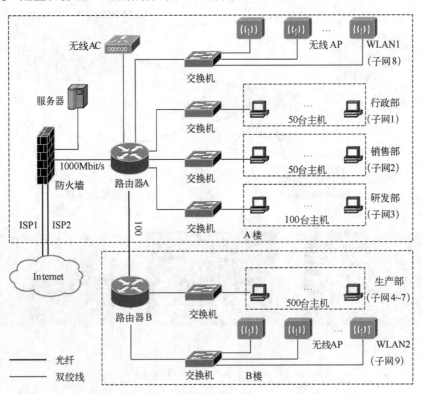

图 8-20　公司 WLAN 解决方案

在部署和配置无线 AP 时需要注意以下几点：

1）由于 AP 数量较多，每个 AP 单独配置工作量太大，因此采用瘦 AP+AC 的部署方式，所有 AP 都由 AC 进行配置和管理，可以将一份配置下发给所有 AP，从而减少工作量。

2）应选择兼容 802.11b/g/n 协议的无线 AP，并开放 2.4GHz 和 5GHz 两个无线频段，从而保证所有的客户端都能够接入公司的 WLAN。

3）无线 AP 一般可放置在大厅、走廊、会议室等场合，便于信号覆盖和管理维护。

4）不同型号和品牌的 AP 覆盖半径可能不一样，因此应根据覆盖半径确定无线 AP 的数量，尽可能做到无缝覆盖，便于用户实现无线漫游（即在不断线的情况下从一个无线 AP 范围移动到另一个无线 AP 范围）。

5）有线网络和无线网络可以使用同一子网，也可以使用不同的子网。由于公司有线网络子网 1~7 中 IP 地址剩余数量不多，因此可创建子网 8 和子网 9 供 A 楼和 B 楼的 WLAN 使用。估计同时在线的无线终端数量不会超过 200 个，因此子网 8 和子网 9 可使用 C 类 IP。增加 WLAN 后公司子网划分情况如表 8-2 所示。

表 8-2　公司子网划分表

楼宇	子网序号	部门	主机数量	子网 IP 可用范围	子网掩码	网关地址
A 楼	1	行政部	50	192.168.0.2~192.168.0.62	255.255.255.192	192.168.0.1
	2	销售部	50	192.168.0.66~192.168.0.126	255.255.255.192	192.168.0.65
	3	研发部	100	192.168.0.130~192.168.0.254	255.255.255.128	192.168.0.129
	8	WLAN1	<200	192.168.1.2~192.168.1.254	255.255.255.0	192.168.1.1
B 楼	4	生产部	125	172.16.0.2~172.16.0.126	255.255.255.128	172.16.0.1
	5		125	172.16.0.130~172.16.0.254	255.255.255.128	172.16.0.129
	6		125	172.16.1.2~172.16.1.126	255.255.255.128	172.16.1.1
	7		125	172.16.1.130~172.16.1.254	255.255.255.128	172.16.1.129
	9	WLAN2	<200	192.168.2.2~192.168.2.254	255.255.255.0	192.168.2.1

8.4　本章小结

无线通信技术的不断发展使无线网络日益普及，无线终端可在无线网络覆盖范围内的任何地点接入，并可实现无线漫游，极大地提升了网络使用的便捷性。无线局域网标准主要有 Wi-Fi 和蓝牙，其中 Wi-Fi 的传输速率高、距离远、功耗大，而蓝牙的传输速率低、距离近、功耗低。组建大范围的 Wi-Fi 网络可以使用胖 AP 或者瘦 AP+AC 的模式，组建小范围的 Wi-Fi 网络可以使用无线路由器接入到有线网络的末端，并且 AP 相对于无线路由器来说也更加稳定。

物联网融合了传感、射频、GPS 等多种技术，通过有线网络或无线网络将不同类型的终端互联并接入 Internet。和计算机网络相比，物联网的终端类型和数据采集方式更加丰富，因而得到了越来越广泛的应用。

习题

一、选择题

1. 802.11 是（ ）的标准。
   A. 无线个域网　　　B. 无线局域网　　　C. 无线城域网　　　D. 无线广域网

2. 802.11 系列标准中传输距离最远、传输速率最高的标准是（ ）。
   A. 802.11a　　　　B. 802.11b　　　　C. 802.11g　　　　D. 802.11n

3. 和 Wi-Fi 相比，蓝牙（ ）。
   A. 能够连接的设备更多　　　　　B. 传输距离更远
   C. 传输速率更快　　　　　　　　D. 功耗更低

4. 无线 AP 的功能是（ ）。
   A. 作为无线网络的终端设备　　　B. 作为无线网络中的路由设备
   C. 作为无线网络中的信号中继设备　D. 作为无线网络中的服务器

5. 无线控制器 AC 的功能不包括（ ）。
   A. 下发配置给瘦 AP　　　　　　B. 统一修改瘦 AP 配置参数
   C. 接入安全控制　　　　　　　　D. 集中管理胖 AP

6. RFID 系统的组成部分不包括（ ）。
   A. 摄像头　　　　B. 电子标签　　　C. 读写器　　　D. 天线

7. 手机支付系统涉及的技术不包括（ ）。
   A. RFID　　　　　　　　　　　B. 图像识别技术
   C. 传感技术　　　　　　　　　　D. 移动通信技术

8. GPS 指（ ）。
   A. 通用分组无线服务技术　　　　B. 全球定位系统
   C. 无线传输协议　　　　　　　　D. 射频识别技术

二、简答题

1. WLAN 有哪两种组网模式？两种模式各自的特点是什么？

2. 什么是传感器和传感网？试举例手机上常见的传感器有哪些？

第9章 实 训

9.1 实训1 双绞线制作

1．实训目的
1）理解双绞线的分类。
2）掌握 EIA/TIA568 标准和双绞线制作方法。
3）掌握双绞线测线仪的使用方法。

2．实训相关理论
（1）双绞线及其分类

双绞线由 8 根铜导线分成 4 对绞合在一起，成对扭绞的作用是尽可能减少电磁辐射与外部电磁干扰的影响，每根铜导线会用不同颜色的保护层包裹以绝缘。

根据是否外加金属网丝套的屏蔽层可将双绞线分为非屏蔽双绞线和屏蔽双绞线，如图 9-1 所示。屏蔽双绞线抗干扰性好但价格较高，因此一般场合使用的是非屏蔽双绞线，对安全性高的场合才会使用屏蔽双绞线。

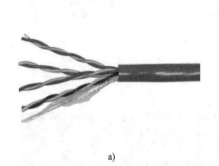
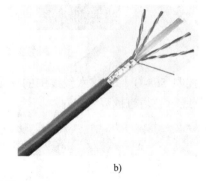

a)   b)

图 9-1　双绞线

a) 非屏蔽双绞线　b) 屏蔽双绞线

根据电气特性可将双绞线分为 3 类、4 类、5 类、超 5 类、6 类、7 类线，不同类别的双绞线有不同的传输带宽和传输距离。目前百兆以太网中常用的是 5 类和超 5 类线，5 类线上标有 cat5 字样，而超 5 类线上标有 cat5e 字样。千兆以太网使用 6 类以上双绞线。

（2）EIA/TIA568 标准

EIA/TIA 国际综合布线标准中规定了两种双绞线的线序 EIA/TIA568-A（俗称 A 标）与 EIA/TIA568-B（俗称 B 标），其线序如下。

568-A 标准：绿白-1，绿-2，橙白-3，蓝-4，蓝白-5，橙-6，棕白-7，棕-8。

568-B 标准：橙白-1，橙-2，绿白-3，蓝-4，蓝白-5，绿-6，棕白-7，棕-8。

目前使用较多的是 EIA/TIA568-B 标准。

双绞线两端都按同一标准制作的双绞线称为直通线，一端按照 A 标另一端按照 B 标制作的双绞线称为交叉线。早期直通线用于连接不同级设备（如交换机和计算机），交叉线用于连接同级设备（如交换机和交换机或路由器和路由器），但目前由于同级设备也兼容直通线，因此交叉线已逐渐被淘汰。

在百兆以太网中，只使用双绞线中的 1、2、3、6 四芯，其中 1、2 用于发送，3、6 用于接收；千兆以太网中，8 芯都被使用。

3．实训内容

1）按照 568-B 标准制作双绞线。

2）使用测线仪测试双绞线。

4．实训步骤

1）用压线钳中的剥线器将双绞线的外皮除去 3cm 左右，如图 9-2 所示。

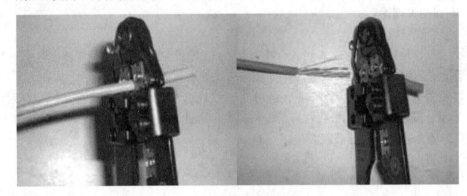

图 9-2　剥去双绞线外皮

2）按照 568-B 标准将双绞线中的 8 芯从左向右排好，如图 9-3 所示。需要特别注意的是，绿色线对必须跨越蓝色线对。

图 9-3　按照 EIA/TIA568-B 标准排线

3）将裸露出的双绞线剪下只剩约 15mm 的长度，并将其插入 RJ-45 接头（俗称水晶头）的引脚内，再用压线钳压接水晶头，如图 9-4 所示。注意插入水晶头内的线一定要顶到头，否则压接后双绞线中的铜芯无法接触到水晶头上的铜片。做好的水晶头如图9-5所示。

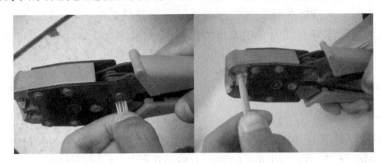

图 9-4　剪线与压线

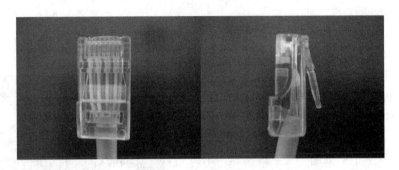

图 9-5　水晶头正面与侧面

4）重复步骤 1）～3），再制作另一端的 RJ-45 接头。

5）将双绞线两端接入测线仪进行测试，见图 9-6，如果测线仪上的 8 个指示灯依次全亮，说明 EIA/TIA568-B 标准双绞线制作成功。如果有指示灯不亮，说明水晶头未压制好或双绞线铜芯出现断裂；如果指示灯亮的顺序不对，说明水晶头线序不正确。

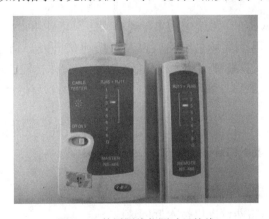

图 9-6　使用测线仪测试双绞线

5. 练习

1）检查实验所用的网线是哪一类双绞线？该类双绞线的最高传输速率是多少？

2）EIA/TIA-568B 标准的 RJ-45 接口中，3、4、5、6 四个引脚的颜色分别为_____。

 A．白绿、蓝色、白蓝、绿色   B．蓝色、白蓝、绿色、白绿

    C. 白蓝、白绿、蓝色、绿色   D. 蓝色、绿色、白蓝、白绿

3）双绞线中的一对线缆为何要绞在一起，其作用是什么？

4）简述测线仪指示灯怎样闪亮双绞线才算制作合格。

9.2　实训2　串行通信技术

1．实训目的

1）理解串/并行通信的区别。

2）掌握使用超级终端软件通过串口或以太网口进行串行通信的方法。

2．实训相关理论

（1）串/并行通信

串行通信是指数据比特流以串行方式一位一位地在信道上传输的方式，每次传输一位。

并行通信是指数据比特流以成组的方式在并行信道上同时进行传输的方式，一次可以传输多位。计算机主板上一般都有串口（COM 口）和并口（LPT 口），如图 9-7 所示。串口有 9 个引脚，其中只有 1 个引脚用于发送数据、1 个引脚用于接收数据，其余 7 个引脚用于控制或接地，串口常用于连接调制解调器等对速度要求不高的外设；并口有 25 个引脚，其中有 8 个引脚用于发送数据或接收数据，其余 17 个引脚用于控制或接地，并口常用于连接打印机等对速度要求较高的外设。

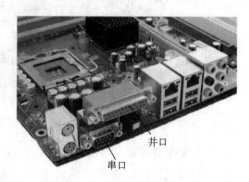

图 9-7　计算机的串口和并口

（2）超级终端

超级终端是 Windows 操作系统中的串行通信程序，可使用串口或以太网口以串行方式发送或接收数据，主要用于现场总线测试以及系统通信开发。通过超级终端可以连接主机、网络设备、单片机、手机等，实现 Telnet、BBS、文件传输、网络设备配置、手机刷机等功能。

3．实训内容

1）使用超级终端通过串口或调制解调器连接另一主机进行文件传送。

2）使用超级终端通过串口连接交换机进行交换机配置。

4．实训步骤

1）通过串口线（又称为 RS232 接口线）将两台主机直接相连，如图 9-8 所示，也可以通过串口上的调制解调器将两台主机接入 Internet。

图 9-8　主机通过串口线互连

2）单击"开始"按钮，选择"程序"→"附件"→"通讯"→"超级终端"，打开 Windows 自带的超级终端。第一次使用时会要求配置调制解调器拨号位置相关信息，如图 9-9 所示，如果没有使用调制解调器可随意填写。

3）新建连接，输入连接名称，如图 9-10 所示，选择连接所用的接口即 COM 口，如图 9-11 所示。

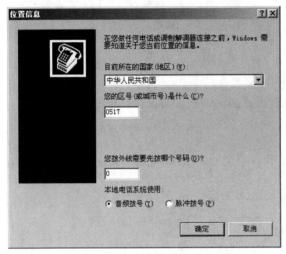

图 9-9　调制解调器拨号位置

图 9-10　新建连接名称

4）填写 COM 口以串行方式传输数据的配置参数，这里可以选择"还原为默认值"，如图 9-12 所示。

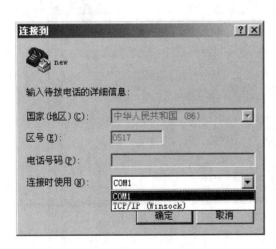

图 9-11　新建连接使用接口

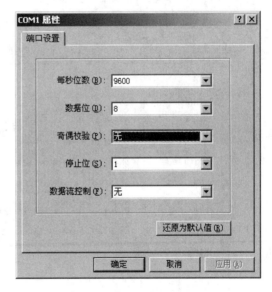

图 9-12　串行传输配置参数

5）在接收端计算机的超级终端的"传送"菜单中选择"接收文件"，打开"接收文件"对话框，选择文件存放目录和一种串行传输协议，如图 9-13 所示。在发送端计算机的超级终端的"发送"菜单中选择"发送文件",打开"发送文件"对话框,选择要发送的文件并使用和接收端同样的串行传输协议,如图 9-14 所示。单击"发送"按钮,发送文件完成后在接收端查看是否接收到文件。

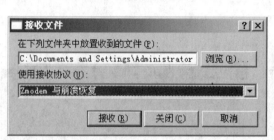

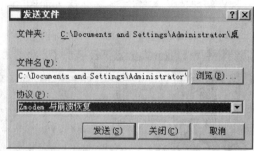

图 9-13 "接收文件"配置   图 9-14 "发送文件"配置

6)通过交换机提供的配置线连接主机串口和交换机的配置口(Console 口),如图 9-15 所示。

图 9-15 主机通过串口连接交换机

7)重复步骤 3)~4)即可以串行通信方式连接交换机并打开配置界面,见图 9-16,此时可输入交换机命令查看或配置交换机。

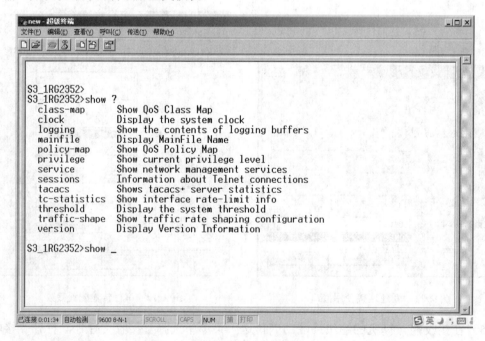

图 9-16 主机通过串口连接交换机

9.3 实训 3 对等网络配置及网络资源共享

1. 实训目的

1）了解局域网的工作模式。

2）掌握对等网络基本配置。

3）掌握系统共享目录的设置和使用方法。

4）熟悉安装远程打印机的方法。

2. 实训相关理论

局域网的工作模式有两种，即对等模式与主从模式。对等模式网络是指网络上每台计算机都是平等的或者是对等的，没有特定的计算机作为服务器。对等网络一般需要安装网络客户端及文件和打印机共享，如图 9-17 所示。

主从模式网络又称为客户端/服务器模式。主从网络中，至少有一台服务器作为核心控制部件，对资源和权限进行集中控制与管理。

3. 实训内容

1）对等网计算机名和工作组设置。

2）对等网文件共享设置。

3）对等网打印机共享设置。

4. 实训步骤

1）右键"我的电脑"，在弹出的快捷菜单

图 9-17 安装网络客户端及文件和打印机共享

中单击"属性"选项，可以查看并更改本机的计算机名和工作组，如图 9-18 所示。

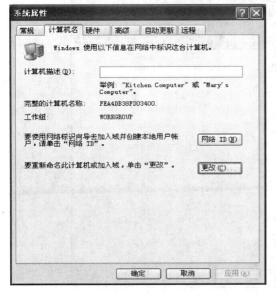

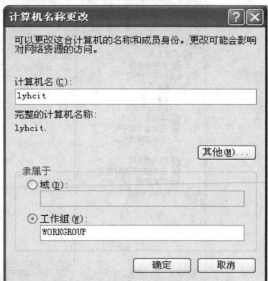

图 9-18 计算机名与工作组设置

2）通过"网上邻居"查看本网络中有多少个工作组及每个工作组中有哪些机器。

3）共享一个文件夹，如图 9-19 所示。

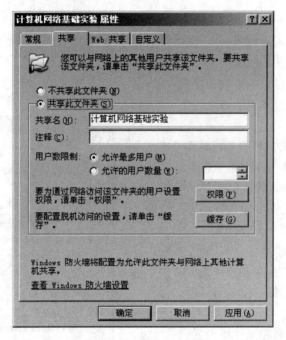

图 9-19　共享文件夹

4）通过"网上邻居"访问其他机器的共享文件夹。

5）管理自己的共享文件夹。打开"控制面板"选择"管理工具"→"计算机管理"→"共享文件夹"，打开共享文件夹，如图 9-20 所示。

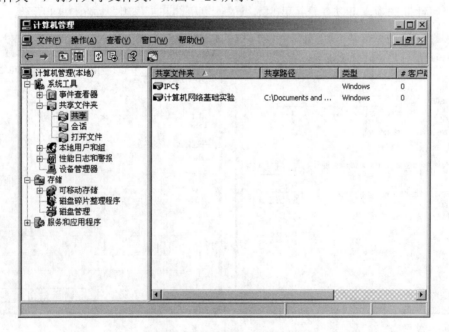

图 9-20　管理共享文件夹

一般有"共享""会话""打开文件"3 项，可以分别查看本机的共享文件夹、其他机器打开本机共享的会话、打开的文件。

说明：IPC$是 Windows 的默认共享。当 IPC$共享时，可以通过"\\IP 地址\盘符$"打开 Windows 的默认共享，如图 9-21 所示。

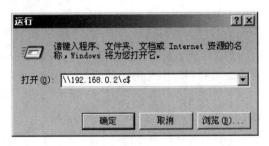

图 9-21　Windows 默认共享

6）安装教师机器上的打印机作为本机的网络打印机（实际上是将教师机器上的打印机驱动安装到本机的过程）。具体步骤是：在本机上单击"开始"按钮，选择"设置"→"打印机与传真"→"添加打印机"，打开"添加打印机"对话框，然后按向导完成操作，安装好的网络打印机如图 9-22 所示。

7）在本机上使用安装好的网络打印机打印文件。

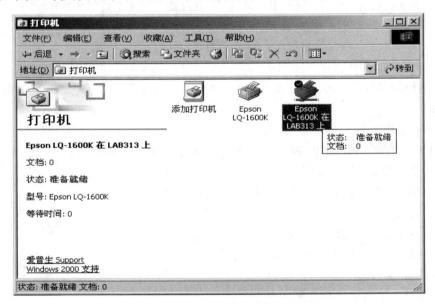

图 9-22　共享打印机

9.4　实训 4　ARP

1. 实训目的

1）理解 ARP 的功能、原理及工作过程。

2）掌握 Windows 操作系统的 ARP 命令。

3）理解交换机 Mac 地址表。

2．实训相关理论

（1）Mac 地址

Mac（Media access control，介质访问控制）地址是以太网中的物理地址（Physical Address），是烧录在网卡等网络组件芯片里的硬件地址，长度为 48bit。其中 0～23 位为组织标志符，代表网卡生产厂商，24～47 位是由厂商自己分配。如 Mac 地址 00-90-27-99-11-cc 的前 6 个十六进制数字（即 2 进制的 0～23 位）00-90-27 表示该网卡由 Intel 公司生产，相应的网卡序列号为 99-11-cc（24～47 位）。

Mac 地址就如同人们身份证上的身份证号码，具有全球唯一性。世界上任何两块网卡的 Mac 地址都是不一样的。在数据链路层通过 Mac 地址来识别主机。

（2）ARP/RARP

ARP（Address Resolution Protocol，地址解析协议）用于将 IP 地址解析为物理地址，RARP（Reverse Address Resolution Protocol，逆向地址解析协议）用于将物理地址解析为 IP 地址，如图 9-23 所示。在 TCP/IP 网络环境下，每个主机都分配了一个 32 位的 IP 地址，IP 地址是在网际范围标识主机的一种逻辑地址。但在传输数据时，无论上层使用何种协议，在数据链路层必须使用物理地址进行寻址。例如在以太网中采用 Mac 地址寻址，即通过目的 Mac 地址寻找数据接收方进行数据传输。这样就必须把目的主机的 32 位 IP 地址转换成 48 位以太网的地址，提供该功能的协议就是 ARP。

图 9-23 ARP/RARP 功能

（3）主机 ARP 缓存

当主机 A 第一次访问主机 B 时，首先需要通过 ARP 将主机 B 的 IP 地址解析为相应 Mac 地址，然后封装并发送数据链路层帧（帧的目的 Mac 地址为主机 B 的 Mac 地址）。同时主机 A 会把解析的结果放在本机的缓存中，这样主机 A 再次访问主机 B 时就不需要通过 ARP 再次解析了。可以通过 ARP 命令查看并编辑本机 ARP 缓存内容，但主机重启后缓存会被清空。

3．实训内容

1）局域网内的数据传输及 ARP 解析过程。

2）手工绑定网关的 Mac 地址。

3）检查交换机 Mac 地址表。

4．实训步骤

1）实训拓扑如图 9-24 所示（学生两人一组）。

2）在主机 A 和主机 B 上通过 ipconfig/all 命令查看各自的网卡物理地址（Mac 地址），如图 9-25 所示。

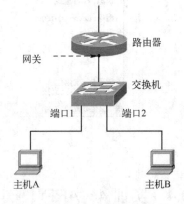

图 9-24 实训拓扑

```
C:\Documents and Settings\Administrator>ipconfig/all

Windows IP Configuration

        Host Name . . . . . . . . . . . . : zhuxun
        Primary Dns Suffix  . . . . . . . :
        Node Type . . . . . . . . . . . . : Unknown
        IP Routing Enabled. . . . . . . . : No
        WINS Proxy Enabled. . . . . . . . : No

Ethernet adapter 本地连接 3:

        Connection-specific DNS Suffix  . :
        Description . . . . . . . . . . . : Broadcom NetLink (TM) Fast Ethernet
        Physical Address. . . . . . . . . : 70-5A-B6-4C-9F-B5
        Dhcp Enabled. . . . . . . . . . . : No
        IP Address. . . . . . . . . . . . : 210.29.228.97
        Subnet Mask . . . . . . . . . . . : 255.255.255.192
        Default Gateway . . . . . . . . . : 210.29.228.65
        DNS Servers . . . . . . . . . . . : 210.29.224.21
```

图 9-25　通过 ipconfig/all 命令查看网卡物理地址

填写实训结果：

主机	IP 地址	Mac 地址	网关 IP
A			
B			

3）通过 arp　/?查看 arp 命令的语法和语义。

4）在主机 A 上使用 arp –a 命令查看本机的 arp 缓存表。如果主机 A 没有访问过任何主机及 Internet，此时主机 A 的 arp 缓存表可能为空。

填写实训结果：

IP 地址	Mac 地址	类　　型

5）通过主机 A 访问主机 B（例如获取 B 的共享文件）和 Internet，再次使用 arp –a 命令查看主机 A 的 arp 缓存表。

填写实训结果：

IP 地址	Mac 地址	类　　型

6）在主机 A 上使用 arp –d 命令清空 arp 缓存表。再使用 arp –a 命令查看。

7）使用 arp –s 命令可以手工绑定局域网中其余主机的 IP 和 Mac 映射，防止 ARP 病毒等攻击行为，该命令语法如下：ARP -s inet_addr eth_addr，例如：arp -s 157.55.85.212　　00-aa-00-62-c6-09。

根据 1）～4）的实训结果，如果要在主机 A 上使用 arp –s 手工绑定网关的 IP 和 Mac 映射，则命令如下：_____；

绑定后能否正常访问 Internet？

☐能

☐否

如果在主机 A 上绑定网关 IP 和主机 B 的 Mac 地址，绑定后能否正常访问 Internet？

☐能

☐否

原因：_____

_____。

9.5 实训 5 数据链路层数据抓包分析

1. 实训目的

1）理解数据链路层帧格式。

2）掌握抓包软件的使用。

3）掌握通过抓包软件抓取帧并进行分析的办法。

2. 实训相关理论

（1）数据链路层帧格式

数据链路层的传输单位为帧（Frame），在发送端数据链路层将网络层的数据按照一定格式封装为帧并发送给物理层，在接收端数据链路层将物理层的数据按照一定格式解包为帧并发送给网络层。

目前，在数据链路层使用比较多的是以太网（Ethernet）协议。以太网帧格式如图 9-26所示。

目的 Mac 地址 6 字节	源 Mac 地址 6 字节	类型 2 字节	数据 46～1500 字节	校验码 4 字节

图 9-26 以太网帧格式

其中各字段的含义如下：

目的 Mac 地址：下一跳的 Mac 地址，帧每经过一跳（即每经过一台网络设备如交换机等）该地址会被替换，直到最后一跳被替换为接收端的 Mac 地址。

源 Mac 地址：发送端 Mac 地址。

类型：用来指出以太网帧内所含的上层协议。对于 IP 报文来说，该字段值是 0x0800。对于 ARP 信息来说，以太类型字段的值是 0x0806。

数据：从上层或下层传来的有效数据，如果少于 46 个字节，需增补到 46 个字节。

校验码：CRC 校验码，校验数据在传输过程中是否出错。

（2）Wireshark 软件介绍

常用的抓包软件包括 Sniffer、NetXRay、Wireshark（又名 EtheReal），通过该类软件可以截获网络传输数据并按照协议格式进行分析。本实训采用免费的 Wireshark，可以从

http://www.wireshark.org 或其他网站下载。安装完成后，Wireshark 的主界面和各模块功能如图 9-27 所示。

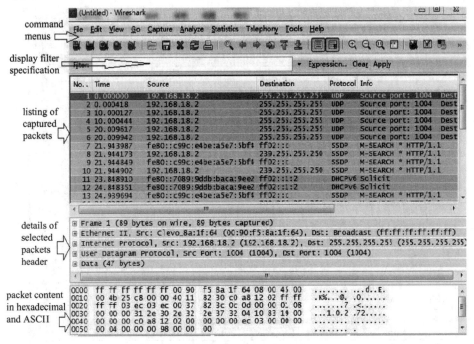

图 9-27　Wireshark 主界面

命令菜单（command menus）：最常用的菜单命令有 File（文件）、Capture（捕获）两个。File 菜单允许保存捕获的分组数据或打开一个已被保存的捕获分组数据文件。Capture 菜单允许用户开始捕获分组。

显示筛选规则（display filter specification）：在该字段中，可以填写协议的名称或其他信息，根据此内容可以对分组列表窗口中的分组进行过滤。

捕获分组列表（listing of captured packets）：按行显示已被捕获的分组内容，其中包括 Wireshark 赋予的分组序号、捕获时间、分组的源地址和目的地址、协议类型、分组中所包含的协议说明信息。在该列表中显示的协议类型是发送或接收分组的最高层协议的类型。

分组头部明细（details of selected packet header）：分层显示捕获分组列表窗口中被选中分组的头部详细信息。包括与以太网帧有关的信息；与包含在该分组中的 IP 数据报有关的信息；如果利用 TCP 或 UDP 承载分组，Wireshark 也会显示 TCP 或 UDP 协议头部信息；最后，应用层协议的头部字段也会被显示。

分组内容窗口（packet content）：以 ASCII 码或十六进制两种格式显示被捕获帧的完整内容。

3．实训内容

1）掌握抓包软件的安装与使用。

2）掌握通过抓包软件抓取帧并进行分析的办法。

4．实训步骤

1）安装 Wireshark 软件。

2）在"capture"菜单中选中"options"（设置），可以设置抓包选项，如图 9-28 所示，这里需要选择要对其进行抓包的网卡。选择完成后按"Start"（开始）按钮开始抓包。

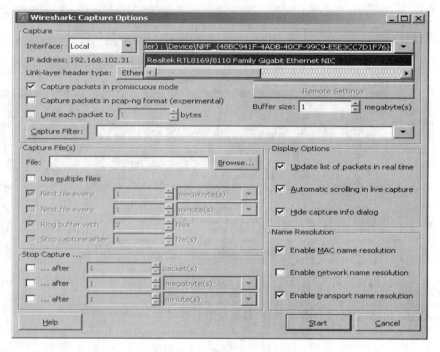

图 9-28　抓包选项

过几秒钟后选择菜单"capture"→"stop"（停止）停止抓包。显示抓包结果，如图 9-29 所示。

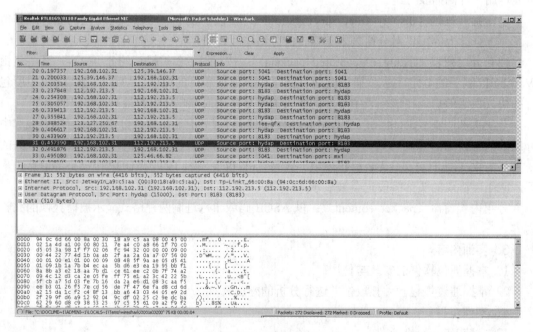

图 9-29　抓包结果

152

任意选中一帧，可以看到该帧所在的各层分组的头部如图 9-30 所示。

```
⊞ Frame 31: 552 bytes on wire (4416 bits), 552 bytes captured (4416 bits)
⊞ Ethernet II, Src: JetwayIn_a9:c5:aa (00:30:18:a9:c5:aa), Dst: Tp-LinkT_66:00:8a (94:0c:6d:66:00:8a)
⊞ Internet Protocol, Src: 192.168.102.31 (192.168.102.31), Dst: 112.192.213.5 (112.192.213.5)
⊞ User Datagram Protocol, Src Port: hydap (15000), Dst Port: 8183 (8183)
⊞ Data (510 bytes)
```

图 9-30　各层分组头部

通过头部信息可以看出，该帧在数据链路层使用的是 Ethernet II 协议，到网络层被封装为 IP 数据包，到传输层被封装为 UDP 数据包，没有应用层协议。

点开 Ethernet II 前的+号，可以看到该帧在数据链路层的详细信息，如图 9-31 所示。

```
⊞ Frame 31: 552 bytes on wire (4416 bits), 552 bytes captured (4416 bits)
⊟ Ethernet II, Src: JetwayIn_a9:c5:aa (00:30:18:a9:c5:aa), Dst: Tp-LinkT_66:00:8a (94:0c:6d:66:00:8a)
  ⊞ Destination: Tp-LinkT_66:00:8a (94:0c:6d:66:00:8a)
  ⊞ Source: JetwayIn_a9:c5:aa (00:30:18:a9:c5:aa)
    Type: IP (0x0800)
⊞ Internet Protocol, Src: 192.168.102.31 (192.168.102.31), Dst: 112.192.213.5 (112.192.213.5)
⊞ User Datagram Protocol, Src Port: hydap (15000), Dst Port: 8183 (8183)
⊟ Data (510 bytes)
   Data: 330000000000004432774d1b0aab2faa2a0aa70756000001
0000  94 0c 6d 66 00 8a 00 30  18 a9 c5 aa 08 00 45 00   ..mf...0 .....E.
0010  02 1a 4d a1 00 00 80 11  7e a4 c0 a8 66 1f 70 c0   ..M..... ~...f.p.
0020  d5 05 3a 98 1f f7 02 06  fc 94 32 00 00 09 00      ..:..... ..2....
0030  00 44 22 77 4d 1b 0a ab  2f aa 2a 0a a7 07 56 00   .D"wM... /.*...V.
0040  00 01 00 e1 01 00 00 09  08 48 5f 9a e0 05 d5 41   ........ .H...A
0050  01 09 1b 1a 7b b4 ec aa  5b d6 e3 ea 19 95 bb f1   ....{... [.......
0060  8a 8b a3 e2 18 aa 7b d1  ce 61 ee c2 0b 7f 74 a2   ......{. .a....t.
0070  09 4c 12 d3 ca 2e 05 fe  ff 75 e1 a2 3c 22 5b      .L...... .u..<"[
0080  5f cb a7 5d 03 fe 7b 16  da 2a e6 d1 08 3c aa f5   _..]..{. .*...<..
0090  ee b3 01 26 f5 7e cd 56  de 7f 47 6e fa d8 cd 6d   ...&.~.V .Gn...m
00a0  a2 15 da 1c f2 c4 8f 13  bb a6 43 03 44 05 e9 2d   ..........C.D.-
```

图 9-31　以太网帧字段及 16 进制数据

从该帧的头部信息可以看出该帧的源 Mac 地址为 00:30:18:a9:c5:aa，目的 Mac 地址为 94:0c:6d:66:00:8a，类型特征码为 Ox0800（即表示 IP 封装），在该帧的数据区可以看到该帧的完整数据（16 进制表示，可以在数据区用鼠标右键选择二进制表示）。从十六进制表示的数据上可以看出该帧完全符合以太网帧格式。

3）每两人一组组成如图 9-32 所示的实训拓扑。

用主机 A 去 ping 主机 B，同时进行抓包。在抓包结果中可以看到如下 4 个包，如图 9-33 所示。

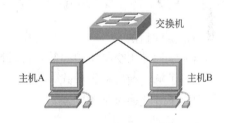

图 9-32　实训拓扑

No.	Time	Source	Destination	Protocol	Info
1	0.000000	Elitegro_ae:8a:d9	Broadcast	ARP	who has 192.168.0.12? Tell 192.168.0.3
2	0.000146	Elitegro_d7:cf:1e	Elitegro_ae:8a:d9	ARP	192.168.0.12 is at 00:1b:b9:d7:cf:1e
3	0.000154	192.168.0.3	192.168.0.12	ICMP	Echo (ping) request (id=0x0200, seq(be/le)=4864/19, ttl=64)
4	0.000286	192.168.0.12	192.168.0.3	ICMP	Echo (ping) reply (id=0x0200, seq(be/le)=4864/19, ttl=64)

图 9-33　实训结果（网络层）

依次选中这 4 个包，点开头部明细区 Ethernet II 前的+号，可以看到详细信息，如图 9-34 所示。

```
⊞ Frame 1: 42 bytes on wire (336 bits), 42 bytes captured (336 bits)
⊟ Ethernet II, Src: Elitegro_ae:8a:d9 (00:1e:90:ae:8a:d9), Dst: Broadcast (ff:ff:ff:ff:ff:ff)
  ⊞ Destination: Broadcast (ff:ff:ff:ff:ff:ff)
  ⊞ Source: Elitegro_ae:8a:d9 (00:1e:90:ae:8a:d9)
    Type: ARP (0x0806)
⊞ Address Resolution Protocol (request)


0000  ff ff ff ff ff ff 00 1e  90 ae 8a d9 08 06 00 01   ........ ........
0010  08 00 06 04 00 01 00 1e  90 ae 8a d9 c0 a8 00 03   ........ ........
0020  00 00 00 00 00 00 c0 a8  00 0c                      ........ ..
```

图 9-34 实训结果（数据链路层）

分析这些信息，可以发现 ping 的过程如下（按实际实训结果填写）：

① 主机 A 发出 ARP 包询问"谁知道主机 B 的 Mac，请告诉我"，该 ARP 包所在的帧的目的 Mac 地址为_____，说明这是一个广播包。

② 同一网段中的所有机器都收到了这个广播包，其中有一台机器回答了一个 ARP 包，该包显示主机 B 的 Mac 地址为_____，回答该 ARP 包的机器是：

□主机 B   □交换机

因为该 ARP 包所在的帧的源地址为_____。

③ 主机 A 向主机 B 发出一个 ping request（ping 请求）包，该包所在的帧的类型字段的值为_____（十六进制表示），说明该帧的上层协议为_____。

从头部明细区的封装过程可以看出，该包的最高层封装协议为

□Ethernet   □IP   □ICMP

④ 主机 B 向主机 A 发出一个 ping reply（ping 响应）包。

9.6 实训 6 交换机组网及基本配置

1. 实训目的

1）掌握使用交换机组建简单局域网。

2）了解交换机配置模式。

3）了解交换机基本配置。

2. 实训相关理论

使用以太网交换机可以将多个终端连接成局域网，要求终端配置的 IP 地址在同一网络或同一子网范围内。如果终端 IP 不在同一网络或同一子网范围内，即使用交换机连接，终端之间也不能互通。

交换机分为普通交换机和网管型交换机。普通交换机使用时不需配置便可直接使用，网管型交换机可进行配置以便更好地使用和管理，可配置的内容包括交换机名称、口令、接口、VLAN、生成树等。

网管型交换机一般有多种配置模式，不同的配置内容需要进入不同的配置模式才能操作，同时提供了一定的安全性、规范性。常用的几种配置模式如下（假设交换机名称为 switch）。

普通用户模式：开机直接进入普通用户模式，在该模式下只能查询交换机的一些基本信

息，如版本号、交换机时间等，还可以执行 ping、traceroute、telnet 等命令。该模式下的所用操作都不会修改交换机的配置。该模式的提示信息为：switch>。

特权用户模式：在普通用户模式下输入 enable 命令和密码（如果存在）即可进入特权用户模式，在该模式下可以查看交换机的几乎所有配置信息和调试信息等。该模式下的所有操作也不会修改交换机的当前配置。该模式的提示信息为：switch#。

全局配置模式：在特权用户模式下输入 configure terminal 命令即可进入全局配置模式，在该模式下主要完成全局参数的配置，如交换机名称、口令、VLAN 等。该模式的提示信息为：switch（config）#。使用快捷键〈Ctrl+Z〉或命令"exit"可退出全局配置模式，回到特权模式。

接口配置模式：在全局配置模式下输入 interface interfaceName（interfaceName 为接口名称，如 fastEthernet 0/1）即可进入接口配置模式，在该模式下主要完成接口参数的配置，如接口的速率、接口所属的 VLAN、接口是否关闭等。该模式的提示信息为：switch（config-if）#。使用快捷键〈Ctrl+Z〉或命令"exit"可退出接口配置模式，回到全局配置模式。使用命令"end"可退出接口配置模式，回到特权用户模式。

功能越多的交换机配置越复杂，配置命令也越多，可以使用"？"列出当前模式下所有可执行的命令，也可以在命令没有输入完时使用〈Tab〉键自动补齐命令。

3．实训内容

1）使用空配置交换机连接多个终端并测试。

2）了解交换机配置模式。

3）对交换机进行简单配置。

4．实训步骤

（1）局域网连接及测试

使用一台普通交换机或者空配置的网管型交换机连接多个终端，实训拓扑如图 9-35 所示，其中 F0/1 表示交换机的第 1 个以太网端口，NIC 表示终端的网卡接口。

打开本地连接，查看本地连接的速率，参考图 9-36，实验终端的速率为（以实验结果为准）：

□10Mbit/s   □100Mbit/s   □1000Mbit/s

该实验终端连接的是：

□标准以太网   □快速以太网   □千兆以太网

PC1 配置 IP 地址:192.168.1.1（参考图 9-37），PC2 配置 IP 地址:192.168.1.2，使用 ping 命令测试两台终端之间是否相通：

□PC1 和 PC2 相通   □PC1 和 PC2 不通

PC1 配置 IP 地址:192.168.2.1，PC2 配置 IP 地址:192.168.1.2，使用 ping 命令测试两台终端之间是否相通：

□PC1 和 PC2 相通   □PC1 和 PC2 不通

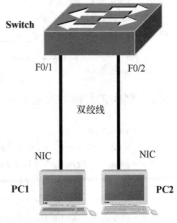

图 9-35 局域网组网实训拓扑

图 9-36 查看本地连接速率　　　　　　　图 9-37 配置终端 IP 地址

（2）交换机基本配置

交换机初始命名为 Switch。一台主机使用配置线通过串口（COM 口）连接到交换机的控制口（Console 口）用于对交换机进行配置，同时使用双绞线通过网卡（NIC）连接到交换机的以太网端口 F 0/1 进行测试，实验拓扑如图 9-38 所示。

1）配置模式之间的切换（注意："！"后为注释而不是要求敲入的命令）。

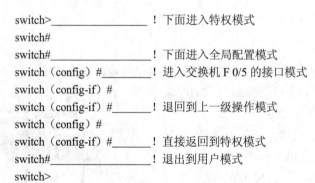

```
switch>_____  ！下面进入特权模式
switch#
switch#_____  ！下面进入全局配置模式
switch（config）#_____  ！进入交换机 F 0/5 的接口模式
switch（config-if）#
switch（config-if）#_____  ！退回到上一级操作模式
switch（config）#
switch（config-if）#_____  ！直接返回到特权模式
switch#_____  ！退出到用户模式
switch>
```

图 9-38 交换机基本配置实训拓扑

2）交换机名称的设置及端口的基本配置

```
switch#configure                           ！进入全局配置模式
switch（config）# hostname switchA           ！设置交换机的名称为 switchA
switchA（config）# interface  fastethernet 0/1  ！进入接口配置模式
switchA（config-if）#speed 10                ！设置端口速率为 10Mbit/s
switchA（config-if）#speed 100               ！设置端口速率为 100Mbit/s
switchA（config-if）# shutdown              ！关闭该端口
switchA（config-if）# no shutdown           ！开启该端口
```

观察主机的本地连接有何变化？_____

_____

3）查看交换机的各项信息，并记录实训结果：

switchA#show version   ! 查看交换机的版本信息
switchA#show mac-address-table   ! 查看交换机的 MAC 地址表

在主机上使用 ipconfig/all 查看主机的 Mac 地址为＿＿＿＿＿＿＿＿＿＿＿＿＿＿。
该交换机的 Mac 地址表说明了该主机连接在交换机的＿＿＿＿＿＿＿＿＿＿端口上。

switchA#show running-config   ! 查看交换机当前生效的配置信息

running-config 是指当前生效的配置，保存在交换机的内存中，掉电或重启时会消失，并在重启后从 startup-config 调入；startup-config 是指启动配置，保存在交换机的 NVRAM 中，不会因掉电或重启而消失。因此交换机配置完成并确认无误后，一般应将 running-config 保存到 startup-config 中。操作如下：在特权用户模式下，输入 copy running-config startup-config 命令，或输入 write memory 命令。记录实训结果。

9.7 实训 7 TCP/IP 配置及子网划分

1. 实训目的
1）掌握网卡 TCP/IP 相关参数配置。
2）理解子网掩码相关原理，掌握通过子网掩码划分子网的方法。

2. 实训相关理论
（1）Mac 地址
前面已经讲过，这里不再赘述。
（2）子网掩码（submet mask）
子网掩码是一个 32 位地址，用于标识 IP 地址所在的子网。
在没有划分子网前，IP 地址分为网络号和主机号两部分。例如，C 类网络 IP 地址格式如图 9-39 所示。

网络号（24bit）	主机号（8bit）

图 9-39　未划分子网的 C 类 IP 地址组成

若要将一个网络划分为若干个子网，可以从主机号中取出 n 位作为子网号，此时可划分出 2^n 个子网。例如，要将一个 C 类网划分为 8 个子网，则 IP 地址格式如图 9-40 所示。

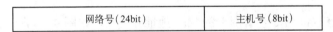

图 9-40　划分 8 个子网的 C 类 IP 地址组成

由于根据 IP 地址本身无法确定"子网号"部分的位数，因此需通过子网掩码和 IP 地址一起来划分子网。

子网掩码的形式为 11...1100...00。其中，1 的位数对应"网络号"＋"子网号"的长度；0 的位数对应"主机号"的长度。

例如，不划分子网的 C 类网的子网掩码如图 9-41 所示，即 255.255.255.0。

11...11 (24bit)	00...00 (8bit)

图 9-41 未划分子网的 C 类 IP 子网掩码组成

划分为 8 个子网的 C 类网的子网掩码如图 9-42 所示，即 255.255.255.224。

11...11 （27bit）	00000 （5bit）

图 9-42 划分 8 个子网的 C 类 IP 子网掩码组成

3．实训内容

1）查看所在机器网卡的 Mac 地址和 TCP/IP 配置。

2）通过子网掩码将机房中的机器划分为若干子网。

4．实训步骤

1）通过设备管理器查看本机是否安装网卡及驱动，如图 9-43 所示。

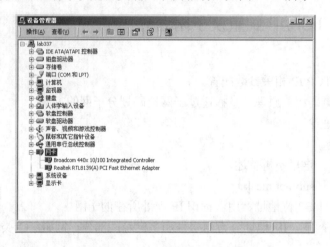

图 9-43 在设备管理器中查看网卡

2）通过 ipconfig/all 命令查看网卡的 Mac 地址并记录，如图 9-44 所示。

图 9-44 ipconfig/all 命令查看本机 Mac 地址

记录实训中的本机网卡 Mac 地址为_____。

3）通过"本地连接"查看网卡的 TCP/IP 属性并记录，如图 9-45 所示。

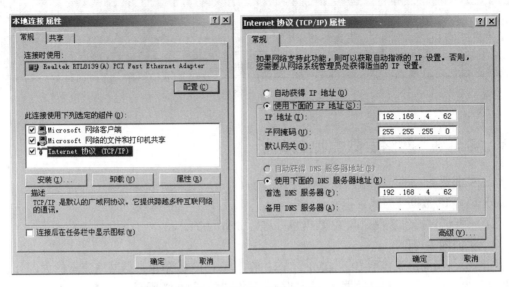

图 9-45　通过"本地连接 属性"查看 TCP/IP 属性

记录本机实训结果如下。

IP 地址：_____

子网掩码：_____

网关：_____

DNS 服务器：_____

4）根据记录的 IP 地址判断该 IP 地址属于：

□A 类网地址　　　　　　　□B 类网地址　　　　　　□C 类网地址

根据记录的子网掩码判断此时该网络中是否划分了子网：

□是　　　　　□否

原因：_____

_____。

此时该网络中的任两台机器是否连通（可通过 ping 命令或"网上邻居"查看）

□是　　　　　□否

5）若要将每 8 台机器划分为一个子网，则子网掩码应设为：_____。将
该子网掩码配置到网卡的 TCP/IP 参数中。

6）此时所在机器所属子网的 IP 地址范围为_____。

此时所在机器和同一子网中的其他机器是否连通：

□是　　　　　　　□否

和非同一子网中的其他机器是否连通：

□是　　　　　　　□否

7）使用该子网掩码后部分计算机会出现如图 9-46 提示，为什么？

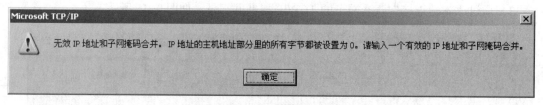

图 9-46　出错提示

9.8　实训 8　网络层数据抓包分析

1．实训目的

1）理解 IP 数据包格式。

2）掌握通过抓包软件抓取 IP 数据包并进行分析的办法。

2．实训相关理论

网络层使用的协议包括 IP、ICMP、ARP 等。其中 IP 数据包占据网络流量的大部分。IP 数据包分为"报头区"和"数据区"两部分，其格式如图 9-47 所示。

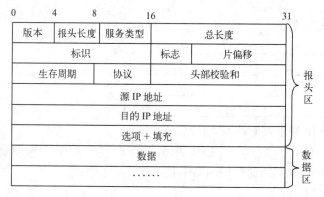

图 9-47　IP 数据包格式

IP 数据包格式中主要字段含义如下。

版本：长度为 4 位。取值一般为 0100（IPv4）或 0110（IPv6）。

报头长度：长度为 4 位。指明"报头区"的长度，以 32bit 为单位。

总长度：长度为 16 位。表示包括"报头区" + "数据区"在内的 IP 包的总长度，以字节（byte）为单位。

生存周期：长度为 8 位。该字段设置了该 IP 数据包可以经过的最多路由器数，一旦经过一个处理它的路由器，它的值就减去 1，当该字段的值为 0 时，数据包就被丢弃，并发送 ICMP 消息通知源主机。

协议：长度为 8 位。该字段用于指定该 IP 数据包的上层协议，常见取值有 6（TCP）、17（UDP）、1（ICMP）。

源 IP、目的 IP：长度为 32 位。用于指定发送者和所期望的接收者的 IP 地址。

3．实训内容

1）使用 Wireshark 软件抓取指定 IP 数据包。

2）对抓取的数据包按协议格式进行各字段含义的分析。

4．实训步骤

1）打开 Wireshark 软件，关闭已有的联网程序（防止抓取过多的包），开始抓包。

2）打开浏览器，输入 http://www.hcit.edu.cn，网页打开后停止抓包。

3）如果抓到的数据包还是比较多，可在 Wireshark 的过滤器（filter）中输入 http，按"Apply"（应用）进行过滤，如图 9-48 所示。过滤的结果就是和刚才打开的网页相关的数据包。

图 9-48　使用过滤器

4）在过滤的结果中选择第一个包括 HTTP GET 请求的帧，如图 9-49 所示，该帧用于向 http://www.hcit.edu.cn 网站服务器发出 HTTP GET 请求。

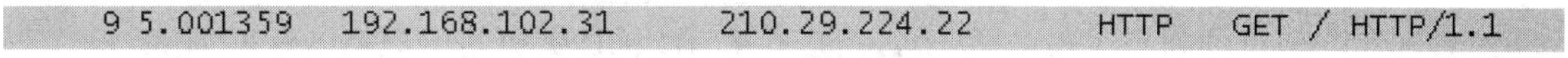

```
9 5.001359    192.168.102.31        210.29.224.22       HTTP    GET / HTTP/1.1
```

图 9-49　http get 请求

5）选中该帧后，点开该帧头部封装明细区中 Internet Protocol 前的"+"号，显示该帧所在的 IP 数据包的头部信息和数据区，如图 9-50 所示。

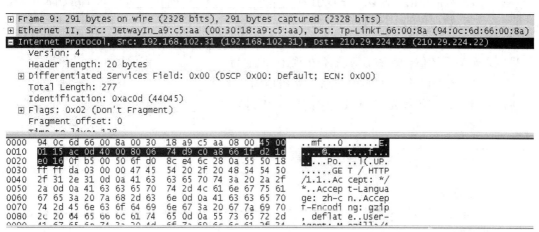

图 9-50　IP 数据包头部和数据区

6）数据区以 16 进制表示，可在数据区右键菜单中选择"Bits View"以二进制表示，如图 9-51 所示。数据区蓝色选中部分为 IP 数据包的数据，其余是封装该 IP 数据包的其他层的头部数据。

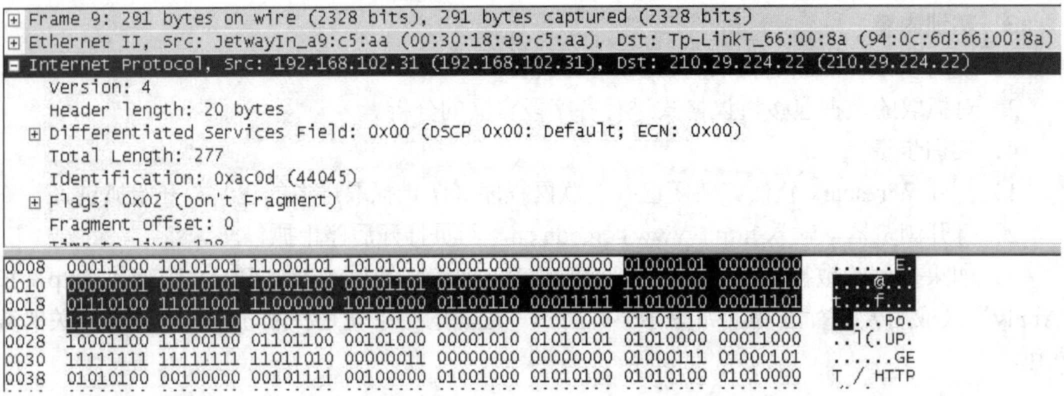

```
⊞ Frame 9: 291 bytes on wire (2328 bits), 291 bytes captured (2328 bits)
⊞ Ethernet II, Src: JetwayIn_a9:c5:aa (00:30:18:a9:c5:aa), Dst: Tp-LinkT_66:00:8a (94:0c:6d:66:00:8a)
⊟ Internet Protocol, Src: 192.168.102.31 (192.168.102.31), Dst: 210.29.224.22 (210.29.224.22)
      version: 4
      Header length: 20 bytes
   ⊞ Differentiated Services Field: 0x00 (DSCP 0x00: Default; ECN: 0x00)
      Total Length: 277
      Identification: 0xac0d (44045)
   ⊞ Flags: 0x02 (Don't Fragment)
      Fragment offset: 0
      Time to live: 128
0008  00011000 10101001 11000101 10101010 00001000 00000000 01000101 00000000    ......E.
0010  00000001 00010101 10101100 00001101 01000000 00000000 10000000 00000110    ....@...
0018  01110100 11011101 11000000 10101000 01100110 00011111 11010010 00011101    t..f....
0020  11100000 00010110 00001111 10110101 00000000 00000000 01101111 11010000    ......Po.
0028  10001100 11100100 01101100 00101100 00001010 01010101 01010000 00011000    .l(.UP.
0030  11111111 11111111 11111111 00000011 00000000 00000111 01000101 00000101    .......GE
0038  01010100 00100000 00101111 00100000 01001000 01010100 01010100 01010000    T / HTTP
```

图 9-51　二进制显示具体数据

回答以下问题：

① 该 IP 数据包的"版本"字段值为_____（二进制表示），该值代表该 IP 数据包的协议版本为：

　　□IPv4　　　　　　　　　　　　□IPv6

② 该 IP 数据包的"报头长度"字段值为_____（二进制表示），该值代表该 IP 数据包的报头长度为_____字节。

③ 该 IP 数据包的"总长度"字段值为_____（二进制表示），该值代表该 IP 数据包的总长度为_____字节，可以推断出该 IP 数据包的数据区长度为_____字节。

④ 该 IP 数据包的"生存周期"字段值为_____（二进制表示），该值代表该 IP 数据包最多还可以经过_____个路由器。

⑤ 该 IP 数据包的"协议"字段值为_____（二进制表示），该值代表该 IP 数据包的上层封装协议为_____。

⑥ 该 IP 数据包的"源 IP 地址"字段值为_____（二进制表示），该值代表该 IP 数据包的源 IP 地址为____.____.____.____。

⑦ 该 IP 数据包的"目的 IP 地址"字段值为_____（二进制表示），该值代表该 IP 数据包的目的 IP 地址为____.____.____.____。

9.9　实训 9　路由器的基本配置

1. 实训目的
1）熟悉路由器的配置模式。
2）掌握对路由器的简单配置。

2. 实训相关理论
路由器一般需要经过配置才可以使用，可配置的内容包括用户名及口令、接口 IP 等参数、路由表、网络地址映射（NAT）、DHCP 等。

功能较简单的路由器一般提供了配置界面，而功能较复杂的路由器一般采用命令行的方式进行配置。采用命令行进行配置时有多种配置模式，不同的配置内容需要进入不同的配置模式才能操作，具体配置模式及其使用方法和交换机类似，可参考实训 6。

　　注意：在使用命令行进行配置时，不可能完全记住所有的命令格式和参数，路由器提供了强有力的帮助功能，在任何模式下均可以使用"?"查询当前可以使用的命令或参数。例如在全局配置模式下可以输入"?"或"show?"。

3．实训内容

1）物理连接。

2）配置模式之间的切换。

3）路由器名称，接口的基本配置。

4）查看路由器的相关信息。

5）保存配置。

4．实训步骤

（1）物理连接

　　实训拓扑如图 9-52 所示，路由器初始命名为 Router A。一台主机使用配置线通过串口（COM 口）连接到路由器的控制口（Console 口）用于对路由器进行配置，同时使用双绞线通过网卡（NIC）连接到路由器的端口 F0 进行测试。假设 PC 的 IP 地址和子网掩码分别为 172.16.2.2，255.255.0.0，配置路由器的 F0 端口的 IP 地址和子网掩码分别为 172.16.1.1，255.255.0.0。

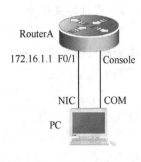

图 9-52　实训拓扑

（2）配置模式之间的切换（注意："!"后为注释而不是要求敲入的命令）

```
Red-Giant>_____          ! 进入特权模式
Red-Giant#
Red-Giant# _____     ! 进入全局配置模式
Red-Giant（config）#interface    fastethernet 0    ! 进入路由器快速以太口 0 的接口模式
Red-Giant（config-if）
Red-Giant（config-if）#_____   ! 退回到上一级操作模式
Red-Giant（config）#
Red-Giant（config-if）# _____   ! 直接返回到特权模式
Red-Giant#_____       ! 退回用户模式
Red-Giant>
```

（3）路由器设备名称、端口的配置

```
Red-Giant（config）# hostname RouterA        ! 设置路由器的名称为 RouterA
RouterA（config）# interface    fastethernet  0   ! 进入接口配置模式
RouterA（config）# ip address 172.16.1.1 255.255.255.0   ! 配置路由器接口的 IP 参数
RouterA（config-if）#speed 100               ! 配置路由器接口的速率
RouterA（config-if）#no shutdown             ! 打开接口
```

（4）查看路由器各项配置，并记录实训结果

RouterA #show version   ! 查看路由器的版本信息
RouterA #show ip route   ! 查看路由器路由表信息
RouterA #show running-config   ! 查看路由器当前生效的配置信息

（5）保存路由器上配置

在特权用户模式下，输入 copy running-config startup-config 命令，或输入 write memory 命令保存当前配置。验证可输入 show startup-config 命令。记录实训结果。

9.10 实训 10 传输层数据抓包分析

1. 实训目的

1）理解 TCP 数据包格式。

2）掌握通过抓包软件抓取 TCP 数据包并进行分析的办法。

2. 实训相关理论

1）传输层：负责端到端的传输，只在数据传输的发送端和接收端工作，在传输过程中数据最高只被封装到网络层。传输层使用的协议主要有 TCP 和 UDP。TCP 是面向连接的、可靠的传输层协议，UDP 是非连接的、不可靠的传输层协议。

2）端口：端口是传输层与应用层的服务接口。传输层的复用和分用功能都要通过端口才能实现。使用传输层的每个终端有多个端口，用于区分同时进行的多项传输任务。例如一台服务器既作为 Web 服务器又作为数据库服务器，客户端连接时应选择访问 Web 服务还是数据库服务，由于两个服务在一个 IP 上，只用 IP 无法进行区分，此时可以用不同的端口号区分。端口号范围为 $0 \sim 65535$。

3）TCP 分组的格式如图 9-53 所示。

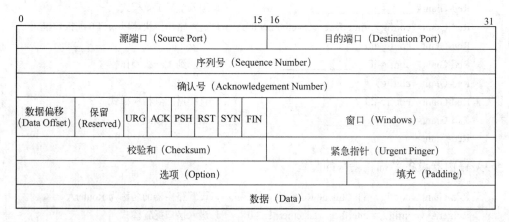

图 9-53 TCP 分组格式

4）TCP 建立连接过程（俗称三次握手）如图 9-54 所示。

第 1 次握手：A 的 TCP 向 B 发出连接请求报文段，其头部中置同步位 SYN =1，并选择序号 x，表明传送数据时的第 1 个数据字节的序号是 x。

第 2 次握手：B 的 TCP 收到连接请求报文段后，如同意，则发回确认。B 在确认报文段中应置 SYN=1，其确认号应为 $x+1$，同时也为自己选择确认序号 y。

第 3 次握手：A 收到此报文段后，向 B 给出确认，其确认号应为 $y+1$。A 和 B 的 TCP 通知上层应用进程，连接已经建立。

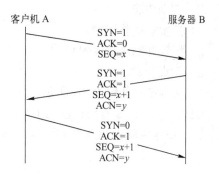

图 9-54　TCP 建立连接的三次握手过程

3. 实训内容

1）使用 Wireshark 软件抓取指定 TCP 数据段。

2）对抓取的数据包按协议格式进行各字段含义的分析。

4. 实训步骤

1）打开 Wireshark 软件，关闭已有的联网程序（防止抓取过多的包），开始抓包。

2）打开浏览器，输入 http://www.hcit.edu.cn（或其他网址），网页打开后停止抓包。

3）如果抓到的数据包还是比较多，可以在 Wireshark 的过滤器（filter）中输入 tcp，之后按"Apply"进行过滤，在过滤的结果中找到如下 3 行，如图 9-55 所示。

5 1.680465	192.168.102.31	210.29.224.22	TCP	ibm-abtact > http [SYN] Seq=0 Win=65535 Len=0 MSS=14
6 1.722785	210.29.224.22	192.168.102.31	TCP	http > ibm-abtact [SYN, ACK] Seq=0 Ack=1 Win=5840 Le
7 1.722835	192.168.102.31	210.29.224.22	TCP	ibm-abtact > http [ACK] Seq=1 Ack=1 Win=65535 Len=0

图 9-55　抓包并过滤后得到三次握手的 TCP 分组

这 3 个特殊的 TCP 段即为三次握手的过程。分析这 3 个 TCP 段，回答如下问题：

① 第 1 个 TCP 段的目的端口为_____，封装它的 IP 数据包的目的 IP 为_____，为什么？

② 第 2 个 TCP 段的 SYN 值为_____，ACK 值为_____，SEQ 值为_____。

③ 第 3 个 TCP 段的 SYN 值为_____，ACK 值为_____，SEQ 值为_____。

④ 这 3 个段中有应用层协议（本例中为 HTTP）传来的数据吗？为什么？

⑤ 在数据经过的路由器上能看到这 3 个 TCP 段吗？为什么？

9.11　实训 11　NAT 技术

1. 实训目的

1）掌握路由器的 NAT 配置。

2）理解 NAT 的作用。

2. 实训相关理论

NAT（Network Address Translation，网络地址转换）是指将用户端的某个 IP 地址（又称本地地址）或其端口转换为另一个 IP 地址（又称全局地址）或其端口的技术，NAT 有 3 种类型：静态 NAT（Static NAT）、动态 NAT（Pooled NAT）、端口 NAT（Network Address Port Translation）。目前使用较多的是端口 NAT。

3. 实训内容

1）按实验拓扑组网。

2）配置并测试端口 NAT。

4. 实训步骤

1）实训拓扑如图 9-56 所示，配置 PC1 的 IP 地址为 192.168.1.*（*范围为 2～254），网关 192.168.1.1。配置路由器的 LAN 口地址为 192.168.1.1，WAN 口地址根据实验条件由教师配置，使路由器和 PC1 能够接入 Internet，参考图 9-57。

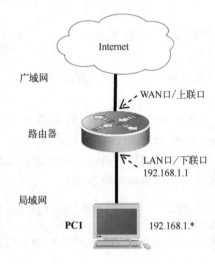

图 9-56　NAT 实训拓扑

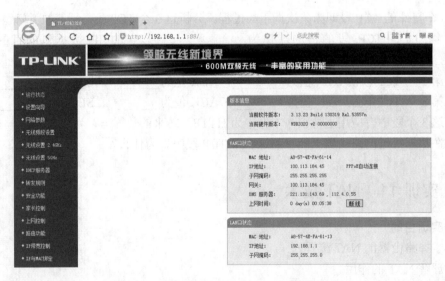

图 9-57　路由器 WAN 口和 LAN 口配置示例

2）在 PC1 上使用 IIS 建立测试 HTTP 站点（参考实训 12），由于 PC1 的 IP 地址 192.168.1.*为私有 IP 地址，因此测试站点只能在局域网中访问，而不能在 Internet 上访问，如图 9-58 所示。

图 9-58 在局域网中访问 PC1 上的测试站点

例如 PC1 的 IP 地址为 192.168.1.102,路由器 WAN 口的 IP 地址为 100.113.184.45,在局域网中使用 http://192.168.1.102 可以打开该测试站点,但在广域网上使用 http://192.168.1.102 或者 http://100.113.184.45 都无法打开该站点,如图 9-59 所示(如果实验环境中没有广域网中的主机也可以用手机进行联网测试):

图 9-59 广域网无法访问 PC1 上的测试站点

3)配置 NAT,首先在路由器 NAT 配置页面选择"转发规则"→"虚拟服务器",打开"虚拟服务器"配置对话框,这里的虚拟服务器就是端口 NAT,如图 9-60 所示,此时虚拟服务器列表为空。

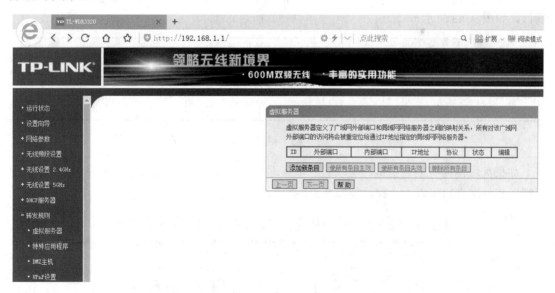

图 9-60 路由器 NAT 配置页面

单击"添加新条目"按钮,将 PC1 的 IP 地址的 80 端口映射到路由器 WAN 口 IP 地址的 80 端口,如图 9-61 所示。

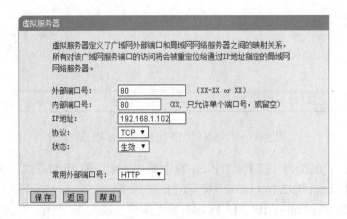

图 9-61 添加 NAT 映射

单击"保存"按钮，保存以上新建的 NAT 映射，如图 9-62 所示。

图 9-62 保存后的 NAT 表

NAT 配置完成后，在广域网上通过路由器的 WAN 口地址的 80 端口即可访问 PC1 的 80 端口，如图 9-63 所示。

图 9-63 测试 NAT

如果局域网内有多台主机，可以建立多条端口 NAT，需要注意的是：每条 NAT 中的内网端口和外网端口可以不一样，如图 9-64 所示。

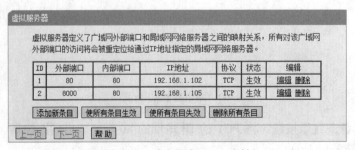

图 9-64 建立多条 NAT 映射

168

9.12　实训 12　WWW 服务

1．实训目的

1）学会用 Windows 中的 IIS 服务建立 Web 服务器。

2）掌握 WWW 服务器主要参数的设置及作用。

3）掌握 WWW 服务器的配置和管理。

2．实训相关理论

WWW（World Wide Web，万维网）服务：又称为 Web 服务，使用 HTTP 进行网络上的文字、图像、声音等的传输，表现形式主要为网页。Web 服务的服务器端软件主要有 IIS、Tomcat、Apache 等，客户端软件一般为浏览器。

IIS（Internet Information Services，互联网信息服务）：是由 Microsoft 公司提供的 Web 服务器，它使得在网络（包括互联网和局域网）上发布信息成了一件很容易的事。

URL：统一资源定位符，Internet 资源的定位标识方法。一般的语法形式为：服务协议类型://主机 IP 或域名:<端口>/<路径名或文件名>。如访问 Web 站点使用：http://www.163.com（相当于 http://www.163.com:80，因为使用应用层协议的默认端口时，可以在 URL 中省略端口），访问 FTP 站点使用：ftp://210.29.224.87:21/aa.txt。

HTTP（超文本传输协议）：客户端（浏览器）和 Web 服务器之间的交互遵循 HTTP（超文本传输协议），Web 服务器负责监听 TCP 80 端口，客户端通过浏览器向服务器发出请求，Web 服务器监听到客户端（浏览器）发出的请求后建立 TCP 连接，并返回客户端所请求的页面作为响应。

3．实训内容

1）安装 IIS Web 服务器。

2）通过 Web 服务器发布网页，打开浏览器使用 HTTP 访问发布的网页。

3）修改 Web 服务器的端口后发布网页。

4）修改 Web 服务器的物理路径后发布网页。

4．实训步骤

1）在 Windows Server 2012 服务器上安装 IIS。首先打开"服务器管理器"，选择"添加角色和功能"，如图 9-65 所示。

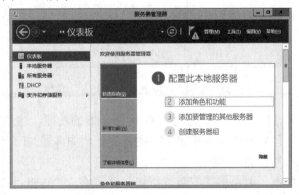

图 9-65　添加角色和功能

在"选择服务器角色"对话框中选中"Web 服务器（IIS）"，如图 9-66 所示。

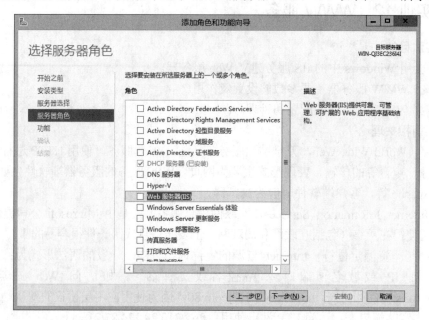

图 9-66　添加"Web 服务器（IIS）"角色

在弹出的对话框中单击"添加功能"按钮，如图 9-67 所示。

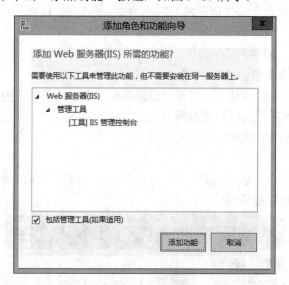

图 9-67　添加"Web 服务器（IIS）"角色

在"选择功能"对话框中选中需添加到 Web 服务器的功能，这里有多个可选的功能，具体添加哪些功能取决于 Web 服务器中需部署的内容。例如部署.NET 开发的 Web 网站需要选中".NET FrameWork"功能，如图 9-68 所示。

单击"下一步"按钮，再单击"安装"按钮，即可完成"Web 服务器（IIS）"角色及其功能的安装。

图 9-68　添加功能

2）安装完成后，在"服务器管理器"的左侧即可看到"IIS"，选中"IIS"及相应的服务器名称，在右键菜单中选择"Internet Information Services（IIS）管理器"，即可对 IIS 进行配置，如图 9-69 所示。

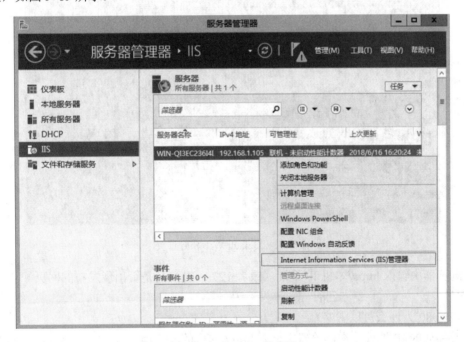

图 9-69　打开 IIS 管理器

在 IIS 管理器左侧选中"Default Web Site"（即默认网站），如图 9-70 所示，可以对该网站进行配置和操作。

图 9-70 IIS 管理器

在 IIS 管理器右侧选中"浏览网站",可以通过浏览器浏览默认网站,如图 9-71 所示。

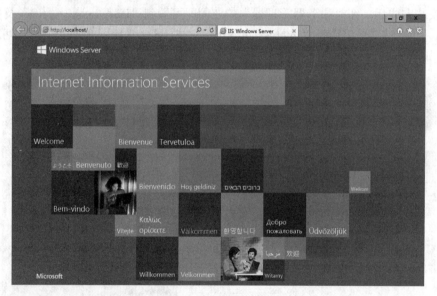

图 9-71 Default Web Site 首页

在浏览器中输入 http://本机 IP 地址(或者 127.0.0.1),是否出现发布的网页?

□是　　　　　　　　□否

端口号 80 为什么可以省略?＿＿＿＿＿＿＿＿＿＿＿＿＿＿＿＿＿

查看邻居的 IP 地址,在浏览器中输入 http://邻居的 IP 地址,是否出现发布的网页?

□是　　　　　　　　□否

3)在 IIS 管理器右侧选中"绑定",打开"网站绑定"对话框,可以看到当前网站的类型和端口,如图 9-72 所示。

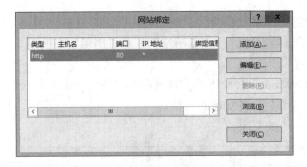

图 9-72 网站绑定

单击"编辑"按钮,打开"编辑网站绑定"对话框,将默认端口号 80 修改为 8000,如图 9-73 所示。

图 9-73 修改端口号

则访问默认网站的正确 URL 为_____。

4）在 IIS 管理器右侧选中"基本设置",打开"编辑网站"对话框,可以看到当前网站页面存放的物理路径,如图 9-74 所示,默认为 SystemDrive(系统盘,一般为 C 盘)根目录下的"inetpub\wwwroot"文件夹。

图 9-74 查看网站物理路径

在上述对话框中将物理路径修改为"D:\mysite"，如图 9-75 所示。

修改后单击 IIS 管理器右侧的"浏览网站"，是否出现发布的网页？

□是　　　　　　　　□否

将"C:\inetpub\wwwroot"目录下的文件复制到"D:\mysite"目录下，再单击 IIS 管理器右侧的"浏览网站"，是否出现发布的网页？

□是　　　　　　　　□否

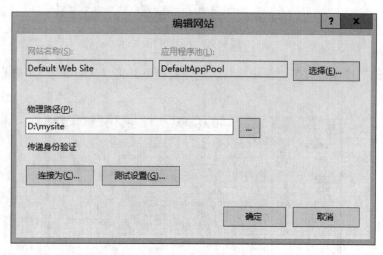

图 9-75　修改网站物理路径

9.13　实训 13　FTP 服务

1. 实训目的

1）学会使用 IIS 配置 FTP 服务器。

2）掌握 FTP 服务器主要参数的设置及作用。

3）掌握 FTP 服务器的配置和管理。

2. 实训相关理论

FTP（File Transfer Protocol，文件传输协议）是一种应用层协议，用于在 Internet 上进行文件的双向传输。请求上传或下载的一端称为客户端（FTP Client），响应上传或下载的一端称为服务器端（FTP Server），FTP Server 默认运行在服务器操作系统的 21 端口。FTP Server 和 FTP Client 在传输层使用 TCP 协议进行数据传输。

常用的 FTP Server 软件包括 IIS、Serv-U 等，可以控制文件上传和下载的权限、速度、时间、客户端数量等。

常用的 FTP Client 软件包括 CuteFtp、LeapFtp 等，文件管理器和大多数浏览器也可以直接作为 FTP Client。

3. 实训内容

1）安装 FTP Server。

2）建立 FTP Server 站点。

3）使用客户端从 FTP Server 上传或下载文件。

4．实训步骤

1）在 Windows Server 2012 服务器上安装 IIS（参见实训 12），或在"服务器管理器"中选中已安装好的 IIS，添加"FTP 服务器"角色服务，如图 9-76 所示。

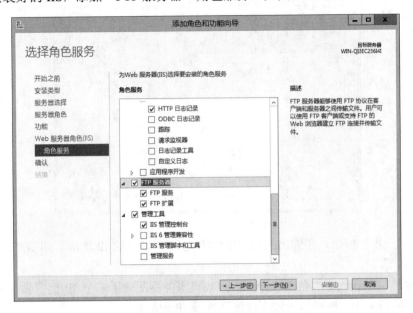

图 9-76　在 IIS 中添加"FTP 服务器"角色服务

2）打开"Internet Information Services（IIS）管理器"，选中 IIS 服务器名称，在右键菜单中选择"添加 FTP 站点"命令，如图 9-77 所示。

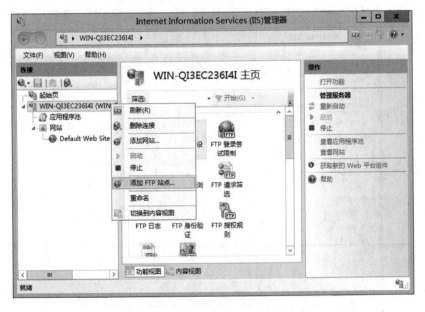

图 9-77　选择"添加 FTP 站点"命令

在弹出的对话框中输入站点名称及文件存放物理路径，如图 9-78 所示。

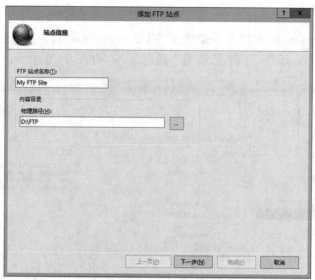

图 9-78　FTP 站点信息

单击"下一步"按钮，在弹出的对话框中绑定 FTP 站点的 IP 地址，如图 9-79 所示，具体选项解释如下。

- IP 地址：默认选择"全部未分配"，如果服务器配置了多个 IP 但只希望通过某一个 IP 访问该 FTP，则可以通过下拉框选择该 IP 地址。
- 端口：默认为 21，可修改为其他未使用的 TCP 端口。
- SSL：默认选择"无 SSL"，即传输文件时不进行加密，如需加密传输可选择"需要 SSL"并选择 SSL 证书文件。

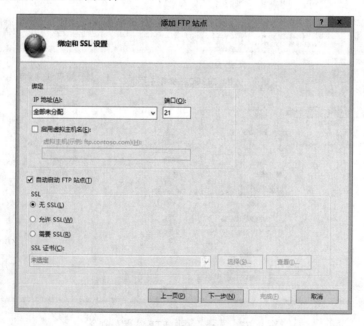

图 9-79　绑定和 SSL 设置

单击"下一步"按钮，在弹出的对话框中配置身份认证和授权信息，如图 9-80 所示，具体选项解释如下。

● 身份认证：如选择"匿名"，则客户端访问时不需要输入用户名和密码；如选择"基本"，则客户端访问时需要输入服务器端的用户名和密码。

● 授权：如果在身份认证中选择了"基本"，则需选择允许访问该 FTP 服务器的用户，可选择"所有用户"或输入指定的用户名。

● 权限：即客户端对服务器端文件是否具有"读取"或"写入"权限。

图 9-80　身份认证和授权信息

单击"完成"按钮，在 IIS 管理器的"网站"中能够看到 FTP 站点名称，如图 9-81 所示，说明新建 FTP 站点成功。单击该站点，可作修改或进一步配置。

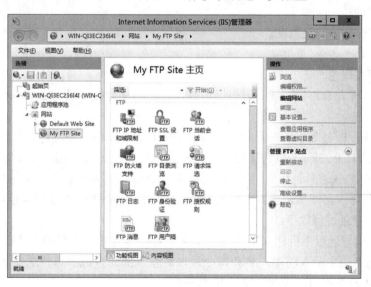

图 9-81　FTP 站点功能及操作

3）测试文件上传/下载。首先需要在服务器端 FTP 站点的物理路径中存放一些文件，然后打开客户端主机的资源管理器（或者浏览器），输入 ftp://服务器端 IP，在弹出的"登录身份"对话框中输入服务器端允许访问的用户名和密码，如图 9-82 所示；如果服务器端允许匿名登录，可在对话框中选择"匿名登录"。

登录成功后即可看到 FTP 服务器中的文件，如图 9-83 所示，如果用户有相应的权限可以从服务器端下载文件或向服务器端上传文件。

图 9-82　客户端使用"资源管理器"登录 FTP 站点　　　图 9-83　查看 FTP 站点中的文件

4）如果将 FTP 服务器端的端口号由 21 改为 2121，则客户端访问服务器端的地址为

_____。

9.14　实训 14　Telnet 服务

1. 实训目的

1）理解 Telnet 功能及原理。

2）掌握 Telnet 命令。

2. 实训相关理论

Telnet 是远程登录协议，通过该协议可以在自己的计算机前通过 Internet 网络登录到另一台远程计算机上。

Telnet 协议程序分为服务器端和客户端。Telnet 服务器端程序运行在要登录的远程计算机上，默认使用 TCP 23 号端口进行监听；Telnet 客户端程序运行在本地计算机上。

使用 Telnet 协议进行远程登录时需要满足以下条件：本地计算机上必须装有包含 Telnet 协议的客户端程序；必须知道远程主机的 IP 地址或域名；必须知道登录账号与口令。

Telnet 远程登录过程如下：

1）本地主机与远程主机建立 TCP 连接，用户必须知道远程主机的 IP 地址或域名。

2）将本地终端上输入的用户名和口令及以后输入的命令或字符传送到远程主机，该过程实际上是从本地主机向远程主机发送 IP 数据包。

3）将远程主机输出数据送回本地终端，包括输入命令回显和命令执行结果。

4）最后，本地终端结束当前的 TCP 连接。

3．实训内容

1）安装并配置 Telnet 服务器。

2）使用 Telnet 客户端远程登录服务器，并进行操作。

4．实训步骤

1）选择一台计算机作为远程主机安装 Telnet 服务器：打开控制面板，单选"程序和功能"，打开"程序和功能"对话框，在对话框左侧选择"打开或关闭 Windows 功能"，在弹出的"Windows 功能"对话框中选中"Telnet 服务器"，单击"确定"按钮进行安装，如图 9-84 所示。

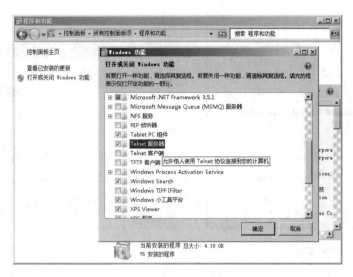

图 9-84　安装 Telnet

右击"我的电脑"，在弹出的快捷菜单中选择"管理"命令，在打开的"计算机管理"窗口的左侧列表中选择"服务"，打开本机提供的 Windows 服务。在其中找到"Telnet"，如图 9-85 所示。

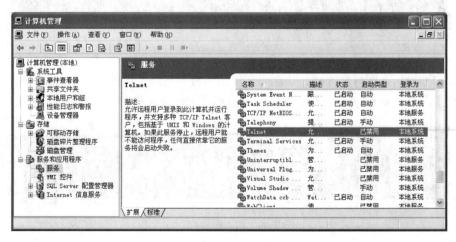

图 9-85　Telnet 服务

如果 Telnet 服务启动类型显示为"已禁用",则打开 Telnet 服务右键菜单并选择"属性"命令,打开 Telnet 服务的属性页,将其启动状态改为"自动"或"手动",如图 9-86 所示(说明:"自动"选项表示 Windows 启动时会自动启动该服务,"手动"选项表示可以在 Windows 启动后手动启动该服务,"已禁用"表示不能启动该服务)。

修改 Telnet 服务的启动类型后并不代表 Telnet 服务已启动,还需选中该服务并单击右键菜单中的"启动"选项,如图 9-87 所示。当 Telnet 服务的状态显示为"已启动"时,说明启动成功。

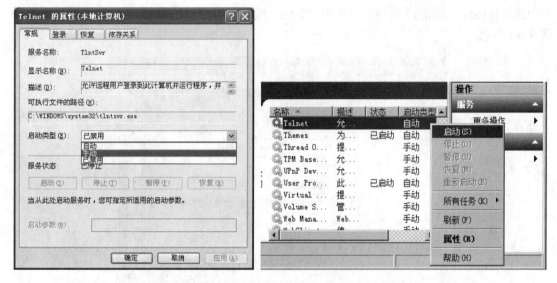

图 9-86　修改 Telnet 服务的启动类型　　　　　　图 9-87　启动 Telnet 服务

2)使用另一台计算机作为本地主机(客户端)。打开客户端的命令提示符,输入命令"telnet 服务器端 IP 端口号"即可连接到服务器端,如图 9-88 所示。如果服务器端使用的是 Telnet 默认端口 23,则命令中可省略端口号选项,即"telnet 服务器端 IP"。

图 9-88　Telnet 命令

回车后要求输入账号和密码,该账号和密码为服务器端操作系统的账号和密码,正确输入即可登录,如图 9-89 所示,注意 Telnet 为提高安全性输入密码时不会回显。

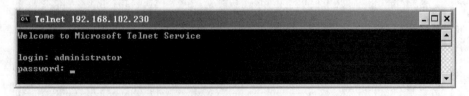

图 9-89　输入账号和密码

如果服务器端该账号没有密码，则不允许客户端远程登录，如图 9-90 所示，此时需要在服务器端创建该账号的密码。

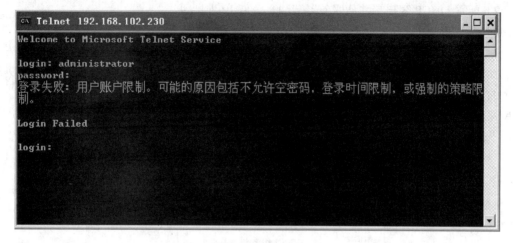

图 9-90　登录失败

3）登录后可以在客户端对服务器进行操作，如图 9-91 所示。

4）BBS 服务也可以使用 Telnet 协议登录，在客户端输入 Telnet bbs.pku.edu.cn 或 Telnet bbs.tsinghua.edu.cn 观察并记录实验结果。

图 9-91　远程操作

9.15　实训 15　DHCP 服务

1．实训目的

1）理解 DHCP 功能及原理。

2）掌握 DHCP 服务器端和客户端配置。

2．实训相关理论

DHCP（Dynamic Host Configuration Protocol，动态主机配置协议）服务用于集中管理和分配一个网络中的 IP 地址。

DHCP 服务分为服务器端和客户端，服务器端需建立一个或多个 IP 地址池，在地址池中指定 IP 地址范围、子网掩码、网关地址、DNS 服务器地址等信息。当 DHCP 客户端第一次启动时，它就会自动与 DHCP 服务器通信，并由 DHCP 服务器分配给 DHCP 客户端一个 IP 地址以及相应的子网掩码、网关地址、DNS 等信息，直到租约到期（并非每次关机释放），这个地址就会由 DHCP 服务器收回，并将其提供给其他的 DHCP 客户端使用。

3. 实训内容

1）配置 DHCP 服务器端。

2）配置 DHCP 客户端并从服务器端动态获取 IP 地址等。

4. 实训步骤

1）选择一台计算机作为服务器端，安装 Windows Server 2012 操作系统，在桌面的左上角找到"服务器管理器"，单击"服务器管理器"→"工具"→"DHCP"，打开如图 9-92 所示的页面，可以看到本机已默认作为成为 DHCP 服务器，其配置中主要包括"IPv4"和"IPv6"两部分，分别用于配置 IPv4 类型地址的 DHCP 服务和 IPv6 类型地址的 DHCP 服务。下面以 IPv4 的 DHCP 配置为例进行讲解，IPv6 的 DHCP 配置类似。

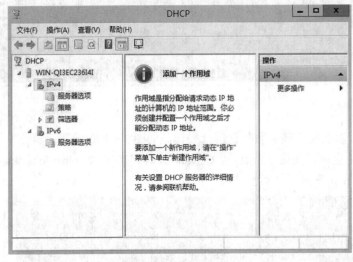

图 9-92　DHCP 服务管理器

2）选中 DHCP 服务器，在"IPv4"选项的右键菜单中选择"新建作用域"命令，打开新建作用域向导，如图 9-93 所示。单击"下一步"按钮，输入新建作用域的名称，如图 9-94 所示。

图 9-93　打开新建作用域向导

图 9-94　输入新建作用域名称

3）单击"下一步"按钮，输入"IP 地址范围"和"子网掩码"，如图 9-95 所示，定义 DHCP 客户端可从服务器获取的 IP 地址范围及相应的子网掩码，即俗称的"地址池"。

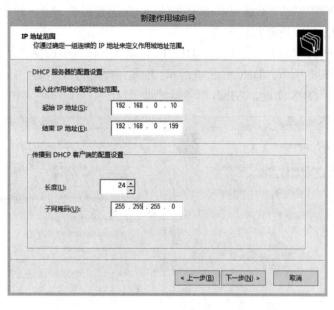

图 9-95　输入"IP 地址范围"和"子网掩码"

4）单击"下一步"按钮，输入"排除的地址范围"，如图 9-96 所示。通过"排除的地址范围"可建立不连续的 IP 地址池。例如在局域网中有一台 Web 服务器需要分配固定的 IP 地址，则需要将分配给这台 Web 服务器的 IP 地址排除出地址池，否则该地址有可能被分配给另一个 DHCP 客户端，从而导致局域网内的 IP 地址冲突。

图 9-96　输入"排除的地址范围"

5）单击"下一步"按钮，输入"租约期限"，如图 9-97 所示。"租约期限"指明了客户端对一个 IP 的占有时间。租约期限到期后，IP 会被服务器回收，客户端使用时需要重新申请。对于 IP 资源较宽裕的网络可以将租约期限时间设置得长一点，对于 IP 资源较紧张的网络可以将租约期限时间设置得短一点。

6）单击"下一步"按钮，在"配置 DHCP 选项"对话框中选择"是，我想现在配置这些选项"，如图 9-98 所示。DHCP 选项是和 IP 地址一起分配给客户端的一些网络配置参数，包括网关地址、DNS 地址、WINS 服务器地址等。

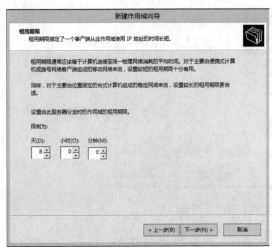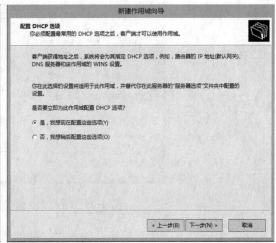

图 9-97　输入"租约期限"　　　　　　　图 9-98　选择"配置 DHCP 选项"

7）单击"下一步"按钮，输入 DHCP 选项中的网关地址（图 9-99），该地址为该网络连接 Internet 或其他网络的路由器上的网关节点。再单击"下一步"按钮，输入一个或多个"DNS 服务器"的地址（图 9-100），客户端将使用这些 DNS 服务器进行域名解析。

其余的 DHCP 选项包括 WINS 服务器、NetBIOS 配置等在此不需使用，可以直接跳过。

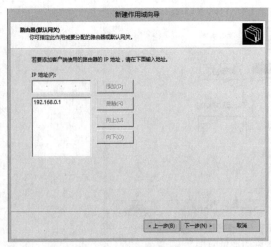

图 9-99　输入"默认网关"的地址　　　　图 9-100　输入"DNS 服务器"的地址

8）单击"下一步"按钮，选择"是，我想现在激活此作用域"，如图 9-101 所示。可以在 DHCP 主窗口中看到刚才新建的作用域，如图 9-102 所示。此时服务器端配置完成。也可以继续新建其他作用域或对已建立的作用域进行更改。

图 9-101　激活作用域　　　　　　　　　　　图 9-102　查看已建作用域

9）在服务器所在的网络中选择一台计算机作为 DHCP 客户端，将客户端的 IP 配置方式设为"自动获得 IP 地址"，同时选择"自动获得 DNS 服务器地址"，如图 9-103 所示。

图 9-103　DHCP 客户端配置

10）在客户端的命令提示符中输入 ipconfig/all 命令，查看客户端从服务器端获取的 IP 地址为_____，子网掩码为_____，网关地址为_____，DNS 地址为_____。

11）在服务器端的作用域中选中"地址租用"，可以查看 DHCP 服务器已分配给客户端的 IP 地址及租用截止日期等信息，如图 9-104 所示。

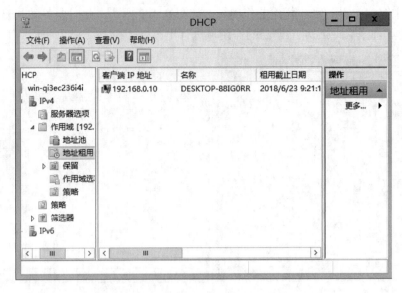

图 9-104　查看 DHCP 服务器"地址租用"信息

9.16　实训 16　远程桌面

1. 实训目的
1）理解远程桌面的功能。
2）掌握远程桌面相关配置和使用方法。

2. 实训相关理论
远程桌面可以使用户通过广域网或者局域网控制远程主机，如图 9-105 所示。传统远程接入（telnet）使用命令行方式，适合于系统管理员使用，对于普通用户来说技术要求较高；因此基于图形界面的远程桌面更适合普通用户使用。除了 Windows 自带的远程桌面工具以外，XT800、TeamViewer 等商业软件也能实现类似的功能，并且功能性和兼容性更好，有兴趣同学可以自己研究。

图 9-105　实训拓扑

3. 实训内容
1）配置远程桌面被控端。
2）配置远程桌面控制端。
3）测试远程控制及文件传输。

4. 实训步骤

1) 组建如图 9-105 所示的实验拓扑，PC1 和 PC2 可以通过局域网也可以通过广域网连接。如果通过广域网连接，则被控端 PC2 必须配置有公网 IP 地址或者 NAT 地址。由于远程桌面被控端使用 TCP 3389 端口进行连接和通信，因此如果配置端口 NAT 则需要映射 3389 端口。

2) 配置远程桌面被控端，以 Windows 7 系统为例，右击"我的电脑"并选择"属性"命令，打开系统属性窗口，如图 9-106 所示。

选择"远程设置"选项，在打开的"系统属性"对话框中选择"允许运行任意版本远程桌面的计算机连接"或者"仅允许运行使用网络级别身份验证的远程桌面的计算机连接"，如图 9-107 所示。如果控制端使用的是非 Administrator 账号，还要单击图 9-100 中的"选择用户"按钮，将非 Administrator 账号添加进来。这样被控端就配置完成了。

图 9-106　系统属性窗口

图 9-107　被控端设置

3) 使用远程桌面控制端，以 Windows 7 系统为例，右击"开始"按钮，在弹出的菜单中选择"附件"→"远程桌面连接"命令，打开"远程桌面连接"窗口，在其中输入被控端的 IP 地址或者域名，如图 9-108 所示。单击"连接"按钮，打开如图 9-109 所示的登录窗口，在其中输入被控端 Administrator 账号的密码或者被控端的其他账号和密码，单击"确定"按钮，即可在控制端打开被控端的远程桌面，如图 9-110 所示。

图 9-108　"远程桌面连接"窗口

图 9-109　远程桌面登录窗口

图 9-110 远程桌面

4）如果需要在控制端和被控端之间传输文件，在控制端如图 9-108 所示的连接窗口中单击左下角的"显示选项"按钮，选择"本地资源"选项卡，如图 9-111 所示，然后单击"详细信息"，打开如图 9-112 所示的窗口，在其中选择要传输文件的驱动器（硬盘分区）。

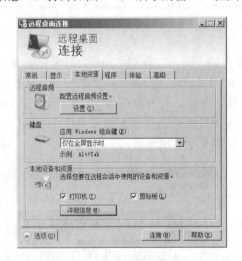

图 9-111 控制端"本地资源"选项卡

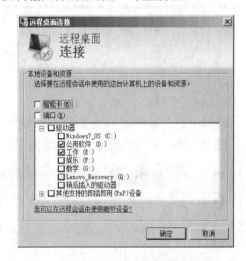

图 9-112 选择本地资源

选择好驱动器以后，再次连接远程桌面，打开被控端的计算机，可以看到控制端的硬盘分区，如图 9-113 所示，这样就可以很方便地在控制端和被控端之间传输文件。

图 9-113   远程桌面驱动器映射

9.17   实训 17   动态域名服务

1. 实训目的

1）理解域名的概念及作用。

2）掌握使用花生壳软件实现动态域名。

2. 实训相关理论

域名（Domain Name）是互联网上企业或机构的名字，是互联网上各网站间相互联系的地址，是由一串用点分隔的名字组成的，例如 www.abc.com.cn。我国域名一般需要到 CNNIC（China Internet Network Information Center，中国互联网络信息中心）及其下属机构申请，例如万网、新网、美橙互联、百度云、阿里云等，并交纳相关的费用。

按照域名对应的 IP 地址是否为固定的，域名分为静态域名和动态域名。静态域名是指域名所对应的 IP 地址是长期固定不变的，例如将 www.abc.com.cn 解析到 220.1.3.22。动态域名是指域名所对应的 IP 地址可以变化，用户获得哪个 IP，就将域名解析到哪个 IP。

静态域名更加稳定，但由于静态 IP 需要从运行商申请并缴纳费用，因此更加适合企业用户；对于个人用户，宽带接入一般只分配动态 IP，即每次接入宽带时获得的 IP 可能是不一样的，因此可以使用动态域名，费用也更低。

3. 实训内容

1）组建实验环境，如图 9-114 所示。由于路由器接入 Internet 的上联口为动态 IP，因此只能使用动态域名。

2）安装并使用花生壳软件实现动态域名。

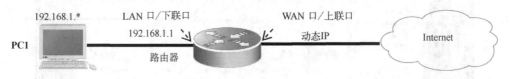

图 9-114 动态域名实训拓扑

4. 实训步骤

1）打开花生壳官网 https://hsk.oray.com/download/，单击"官方免费下载"，如图 9-115 所示。下载完成后，双击安装文件安装花生壳，如图 9-116 所示。

图 9-115 花生壳官网   图 9-116 安装花生壳

2）注册并输入帐号和密码登录，如图 9-117 所示。登录后，主界面有三大功能模块，分别是域名列表、内网映射和自诊断，如图 9-118 所示。

图 9-117 登录窗口   图 9-118 花生壳主界面

3）单击主界面中的"域名列表"，打开如图 9-119 所示的页面，可以看到分配给本用户的域名为 19h231481b.iask.in。该域名为免费域名，如果希望使用更好的域名，可以单击该页面中的"注册壳域名"，付费申请更好的域名。

图 9-119　域名列表

4）使用 ipconfig 命令查看本机 IP 地址，如图 9-120 所示。

图 9-120　查看本机 IP

在本机配置 HTTP 站点，用于测试，如图 9-121 所示。

图 9-121　配置测试 HTTP 站点

5）在本机通过路由器下联口地址查看路由器上联口（WAN 口）地址，如图 9-122 所示。从图中可以看到路由器上联口地址为 100.113.184.45，但我们在广域网上使用 http://100.113.184.45 无法访问该站点，如图 9-123 所示，这是因为还没有在路由器上配置 NAT。如果配置 NAT，将 192.168.1.102 的 80 端口映射到 http://100.113.184.45 的 80 端口，则在广域网上使用 http://100.113.184.45 可以访问该站点（参见实训 11）。

但考虑到路由器的 WAN 口地址会发生变化，例如对于家庭宽带和宿舍宽带等互联网接入环境，WAN 口会在每次接入 Internet 时从运营商动态获取 IP 地址，每次获得的 IP 地址有可能是不一样的，一旦地址发生变化，就需要重新配置 NAT，使用非常不方便，因此需要使用动态域名技术来将域名映射到可变化的 IP 地址。

图 9-122　查看路由器 WAN 口地址

图 9-123　广域网访问测试

6）配置动态域名的方式如下：在步骤 3 打开的页面中选择"内网穿透"，如图 9-124 所示，可见当前还没有映射。单击页面中的"添加映射"按钮，打开如图 9-125 所示的添加域名映射页面。

图 9-124　"内网穿透"主页面

在图 9-125 所示的页面中选择一种映射类型，由于测试的是 HTTP 站点，默认端口号为80，因此可以选择映射类型为"网站 80 端口"，如果是非 HTTP 应用可以选择"自定义端口"；"选择域名"填写在步骤 3 中获取的域名：19h231481b.iask.in；"内网主机"填写测试主机的 IP，填写完成后单击"确定"按钮，如果成功则显示图 9-126 所示的域名映射列表。

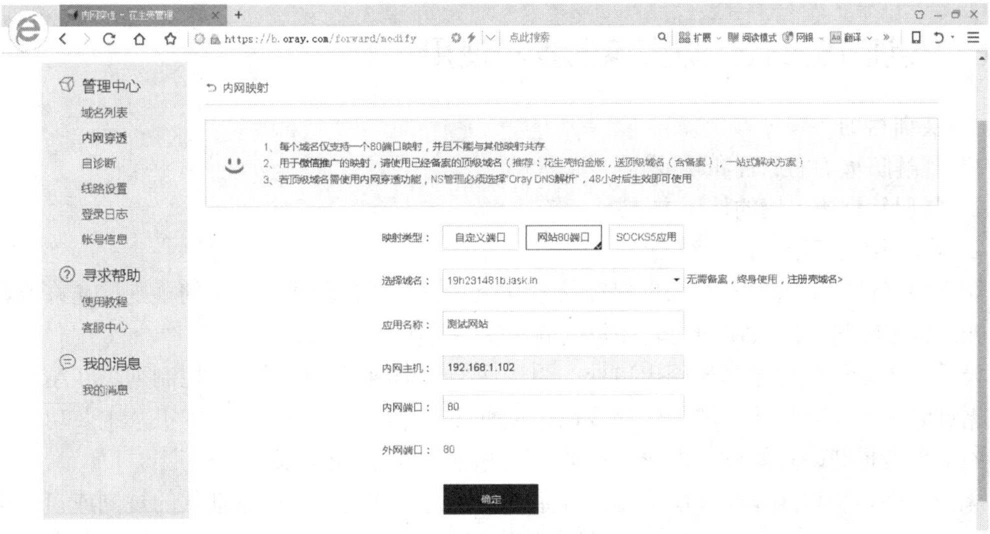

图 9-125 添加域名映射

图 9-126 域名映射列表

7）最后在广域网上输入 URL：http://19h231481b.iask.in，如图 9-127 所示，可以看到通过该域名已经可以访问内网测试站点。即使重启路由器后 WAN 口地址发生变化，也不会影响访问，动态域名配置成功。

图 9-127　域名测试

9.18　实训 18　软件防火墙配置和使用

1．实训目的

1）理解防火墙的原理和功能。

2）掌握软件防火墙的使用方法。

2．实训相关理论

防火墙（firewall）是一种协助提高信息安全的设备，它会依照特定的规则，允许或是阻止传输的数据通过。防火墙分为硬件防火墙和软件防火墙。

硬件防火墙一般位于局域网出口处，用于保护一个网络，通过访问控制列表（ACL）定义数据过滤规则。软件防火墙一般安装在计算机终端上，用于保护一台主机，主要功能包括应用网络攻击拦截、对外攻击拦截、联网程序规则、自定义过滤规则等。

无论硬件防火墙还是软件防火墙，其基本原理是一致的，即根据默认的规则或自定义的规则允许或阻止进出防火墙的数据。规则的定义相当灵活，硬件防火墙可根据网络层的源IP/目的 IP、传输层的源端口/目的端口等定义过滤规则，软件防火墙还可根据应用层的协议类型、应用程序名称等定义过滤规则。

3．实训内容

1）安装瑞星防火墙。

2）掌握瑞星防火墙主要功能的基本原理和使用方法。

4．实训步骤

1）打开瑞星官网下载瑞星防火墙软件，按照步骤安装，安装完成后打开主界面，如图 9-128 所示。

图 9-128　瑞星防火墙主界面

2）选择"网络安全"，显示的是瑞星防火墙的主要防护功能，如图9-129所示。

图9-129　网络防护功能

其中，"ARP 欺骗防御"功能可以阻止局域网内的其他主机的 ARP 欺骗攻击，攻击主机通过伪造网关 Mac 地址使本机无法正常连接网关，如果局域网内主机较多，建议开启该功能，系统将在 ARP 表项中自动绑定网关的 IP 和 Mac 地址。

如局域网内已发生 ARP 攻击，系统有可能将网关的 IP 地址和攻击主机的 Mac 地址绑定，此时本机无法通过网关访问其他网络，因此需要在"网络安全"功能的"设置"中（位于图9-129右上角）手动绑定网关的 IP 和正确的 Mac 地址，如图9-130所示。

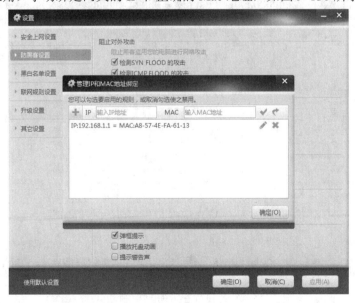

图9-130　管理 IP 和 Mac 地址绑定

3）在"网络安全"功能的"设置"中，还可以设置网页黑名单。对于钓鱼网站等网页，可以将其加入"黑名单"，如图 9-131 所示。

图 9-131　"黑名单"设置

4）选择"防火墙规则"，如图 9-132 所示，该功能包括"联网程序规则"和"IP 规则"。

图 9-132　程序联网控制

选择"联网程序规则"，可以设置本机中安装的程序是否能够访问互联网，默认状态为

196

"放行"。如发现木马等可疑程序，可将其状态改为"阻止"，如图 9-133 所示。

图 9-133　阻止程序联网

选择"IP 规则"，该功能和网络防火墙中的 ACL 功能类似，可以基于本地端口、远程端口、远程 IP 及范围、协议等参数定义数据过滤规则，如图 9-134 所示。

默认已存在一些规则，例如第一条"允许域名解析"规则，允许本机的任意端口和远程任意主机的 53 端口使用 UDP 协议进行通信。

图 9-134　IP 规则

由于默认规则中规定"禁止 ping 入"（其原理是阻止特征代码为 0 的 ICMP 包），如图 9-135 所示，所以此时用其他主机能否 ping 通本机？

    □是   □否

如果将"禁止 ping 入"规则删除，用其他主机能否 ping 通本机？

    □是   □否

图 9-135 "禁止 ping 入"规则

通过 IP 规则中的"增加"按钮可以自定义数据过滤规则。

例如本机是一台 HTTP 服务器，TCP 80 端口需要对外开放，但为了增加安全性，除 TCP 80 端口以外的其他端口都需要对外关闭。

实现该功能需要定义两条规则，第 1 条规则如图 9-136 所示，该规则的含义是：允许任意主机的任意端口访问本机的 TCP 80 端口。

第 2 条规则如图 9-137 所示，该规则的含义是：阻止任意主机的任意端口访问本机的 TCP/UDP 任意端口。

图 9-136 自定义规则 1   图 9-137 自定义规则 2

规则匹配的顺序是由上而下，因此刚才我们自定义的两条规则顺序应如图 9-138 所示，将第 2 条规则"denyall"放在第 1 条规则"permit80"的后面（如顺序有误可在规则上单击右键向上移动或向下移动）。

当防火墙收到一个 TCP 或 UDP 数据段时，首先根据第 1 条规则进行匹配，如果匹配成功即其他主机访问本机的 TCP 80 端口，则放行该数据段，此时不再匹配第 2 条规则；如果第 1 条规则匹配不成功，即其他主机访问本机的非 TCP 80 端口，则再根据第 2 条规则匹配，第 2 条规则将阻止该数据段通过防火墙。

图 9-138　自定义规则顺序

5）练习：如只允许本机访问校园网内（IP 范围为 210.29.224.*～210.29.231.*）的网站，不允许访问其他网站，请使用瑞星防火墙完成该设置。

9.19　实训 19　局域网故障检测与排除

1．实训目的
1）理解局域网基本工作原理。
2）掌握局域网常见网络故障及其排除办法。

2．实训相关理论
局域网（Local Area Network，LAN）是指在某一区域内由多台计算机和网络设备互连而成的网络。局域网一般通过交换机连接内部各终端计算机，通过路由器连接广域网或其他局域网。

局域网拓扑结构一般如图 9-139 所示。

常见局域网故障主要包括如下方面。

1）终端故障。
● 网卡故障（网卡损坏、驱动程序丢失等）；
● 网络参数配置错误（IP 地址、网关、子网掩码、DNS 等）。

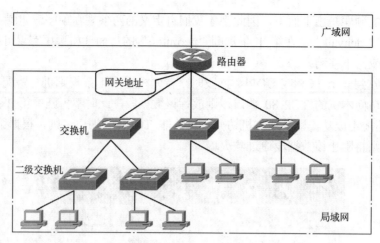

图 9-139 常见局域网拓扑

2）网络设备故障。

● 交换机故障（掉电、端口未打开等）；

● 路由器故障（掉电、参数配置错误等）。

3）传输介质故障。

● 断线；

● 水晶头损坏或未插好。

针对不同故障应采用不同方式检查及处理。

3．实训内容

1）掌握终端常见故障及其排除办法。

2）掌握网络设备常见故障及其排除办法。

3）掌握传输介质常见故障及其排除办法。

4．实训步骤

当发现不能连接网络时，可按以下步骤进行检查：

（1）检查"本地连接"

右击"网上邻居"在弹出的快捷菜单中选择"属性"命令，如图 9-140 所示，查看"本地连接"是否正常。

图 9-140　查看"本地连接"

如没有"本地连接"，则故障原因为网卡故障（网卡松动或驱动程序问题）。解决办法为：打开设备管理器查看本机硬件设备中是否有网卡，如没有则将机箱打开，把网卡重新在主板上插紧，如有网卡但驱动有问题则重新安装驱动。如还不能解决则网卡损坏，更换网卡。

如有"本地连接"但状态为"禁用"，则右击启用"本地连接"，如图 9-141 所示。

图 9-141　启用"本地连接"

如"本地连接"显示叉号，如图 9-142 所示，则故障原因可能为：

● 网线未插好；

● 网线损坏（可使用测线仪检测）；

● 交换机掉电。

图 9-142　"本地连接"未连接

（2）检查到网关是否能 ping 通

网关地址一般位于局域网出口路由器的下联口，检查到网关是否能 ping 通可判断故障位置在网关之内还是网关之外。

若不能 ping 通，如图 9-143 所示，则故障原因可能为：

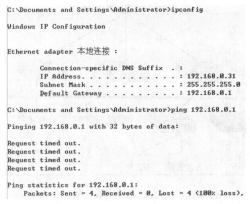

图 9-143　ping 网关

- 本机 IP 地址、子网掩码、网关地址配置不正确；
- 路由器掉电或网关配置不正确；
- 交换机和路由器之间或级联交换机之间的线路故障（此时可拔掉交换机和路由器之间的网线）。如图 9-144 所示。

（3）检查到 DNS 是否能 ping 通

由于 DNS 服务器一般位于局域网之外，检查到 DNS 是否能 ping 通可判断到外网的连接是否正常。如 DNS 能 ping 通，说明网络正常，若无法上网，说明浏览器问题或机器中毒，可重新安装浏览器或杀毒。

如 DNS 不能 ping 通，则故障原因可能为：

- 本机 DNS 参数配置不正确；
- 路由器上联口配置不正确；
- 路由器上联口线路故障（此时可拔掉路由器上联口网线），如图 9-145 所示。

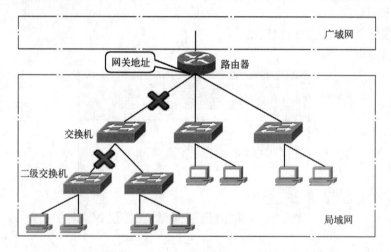

图 9-144 "ping 不通网关"故障定位

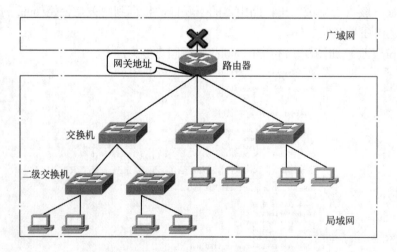

图 9-145 "ping 不通 DNS"故障定位

总结：通过以上 3 个步骤可依次扩大故障检测的范围，如表 9-1 所示，这是一种有效的局域网维护技巧。

表 9-1　检测步骤和范围

	步　骤	检 测 范 围
1	检查本地连接	本机及接入交换机
2	ping 网关	网关以内（局域网内）
3	ping DNS	网关以外（局域网外）

练习：

选择以下故障出现时相应的现象。

① 路由器掉电。

　　□本地连接异常　　　　　　　　□网关 ping 不通　　　　　　　　□DNS ping 不通

② 子网掩码填写错误。

　　□本地连接异常　　　　　　　　□网关 ping 不通　　　　　　　　□DNS ping 不通

③ 网卡损坏。

　　□本地连接异常　　　　　　　　□网关 ping 不通　　　　　　　　□DNS ping 不通

④ DNS 服务器地址填写错误。

　　□本地连接异常　　　　　　　　□网关 ping 不通　　　　　　　　□DNS ping 不通

⑤ 接入交换机（和计算机直接相连的交换机）掉电。

　　□本地连接异常　　　　　　　　□网关 ping 不通　　　　　　　　□DNS ping 不通

⑥ 级联交换机（不和计算机直接相连的交换机）掉电。

　　□本地连接异常　　　　　　　　□网关 ping 不通　　　　　　　　□DNS ping 不通

9.20　实训 20　无线路由器连接 Internet

1．实训目的

1）掌握无线路由器配置和使用方法。

2）掌握无线终端通过无线路由器接入 Internet 的方法。

2．实训相关理论

无线路由器目前已广泛应用于家庭和办公环境下的无线组网，它兼具无线 AP 和路由器的功能，采用 Infrastructure 模式连接各无线终端，采用有线以太网连接上一级网络或直接接入 Internet。使用无线路由器时一般需配置 SSID、接口 IP 地址、DHCP 等参数。

无线路由器连接局域网的端口称为 LAN 口，连接或通向广域网的端口称为 WAN 口，如图 9-146 所示。LAN 口和 WAN 口需要正确地配置 IP 地址等参

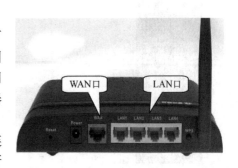

图 9-146　无线路由器接口

数。大多数小型无线路由器有多个物理 LAN 口，但这些 LAN 口在逻辑上属于一个接口，即所有 LAN 口共用一个 IP 地址。

3．实训内容

通过 Infrastructure 模式使用无线路由器连接两台安装了无线网卡的计算机终端，并通过有线网络连接 Internet，使无线终端能够访问 Internet。实验拓扑如图 9-147 所示。

图 9-147　实训拓扑

4．实训步骤

1）首先对无线路由器进行配置。由于未配置之前，主机和无线路由器之间还不能进行无线互连，因此选择一台主机通过双绞线连接无线路由器的 LAN 口。查看说明书找到无线路由器的 LAN 口地址，一般为 192.168.1.1（也可能是其他地址），将该主机的 IP 设为和无线路由器的 LAN 口地址在同一网络内，例如 192.168.1.2，如图 9-148 所示。

图 9-148　无线路由器配置拓扑

2）在 IP 地址为 192.168.1.2 的主机的浏览器中输入 http://192.168.1.1，查看说明书输入管理员账号和密码，打开无线路由器配置界面，如图 9-149 所示。

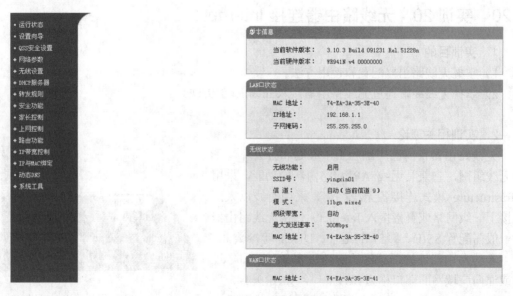

图 9-149　无线路由器配置主界面

3）在配置界面的左侧菜单中选择"网络参数"下的"LAN 口设置"，查看或修改 LAN 口 IP 和子网掩码，如图 9-150 所示。

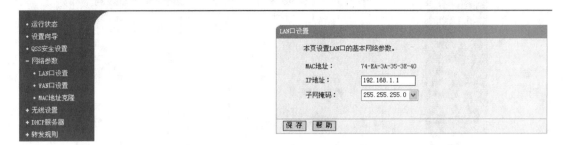

图 9-150　LAN 口设置

4）在配置界面的左侧菜单中选择"WAN 口设置"，首先根据接入环境选择"WAN 口连接类型"，如图 9-151 所示。宿舍一般使用"动态 IP"、小区一般选择"PPPoE"、办公选择"静态 IP"或"动态 IP"。

根据不同的连接类型继续配置详细的参数。例如，静态 IP 中应配置 IP 地址、子网掩码、网关、DNS 等参数，如图 9-152 所示；PPPoE 中应配置上网账号和口令等参数，如图 9-153 所示。

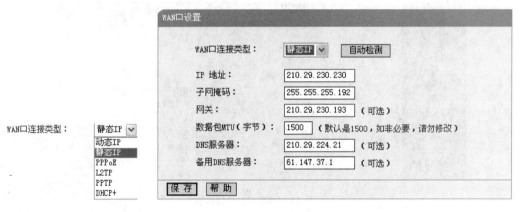

图 9-151　WAN 口连接类型　　　　　　　　　图 9-152　静态 IP 参数配置

图 9-153　PPPoE 参数配置

5）在配置界面的左侧菜单中选择"无线设置"，填写 SSID 号、无线信道、模式（802.11b/802.11g/802.11n/802.11bgn 兼容等）、数据传输速率等参数，如图 9-154 所示，并选择"开启无线功能"和"开启 SSID 广播"（说明：如不开启 SSID 广播，则无线终端无法自动搜索到该SSID，需要在终端手工配置SSID，一般用于安全要求较高的场合）。

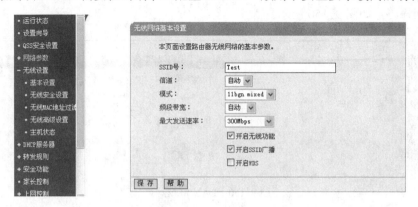

图9-154　无线参数设置

6）在配置界面的左侧菜单中选择"DHCP 服务器"，选择"启用"填写 DHCP 相关参数（图 9-155），否则客户端需要配置静态 IP 地址等参数。由于路由器的 LAN 口作为局域网的网关，因此网关应填写路由器的 LAN 口地址，且地址池中的地址必须和网关属于同一网络。

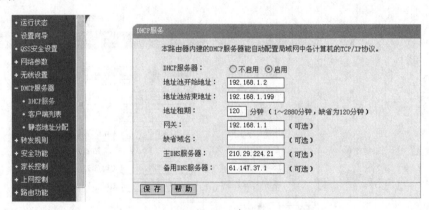

图9-155　DHCP 参数设置

7）本实训中，路由器作为网络中的末端路由器（即只和 1 个接口相连其他路由器），因此可使用默认路由而不需要配置路由表。如果该路由器作为网络中的中间节点路由器（即有 2 个或 2 个以上接口相连其他路由器），则需要配置路由表，如图 9-156所示。

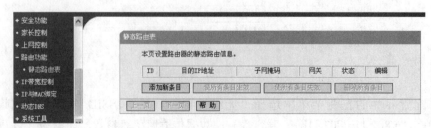

图9-156　静态路由表配置

8）路由器配置完成并保存后，断开图 9-148 中的有线连接，按图 9-147 所示构建实验拓扑。

9）如果路由器开启了 DHCP，则无线终端的"无线网络连接"的 TCP/IP 配置中应使用动态 IP，否则使用静态 IP。

10）在无线终端主机的"无线网络连接"中选择 SSID 为"test"的无线网络，单击连接按钮，如图 9-157 所示。当"test"无线网络显示"已连接上"（图 9-158）时，说明该终端和无线路由器已连接成功。

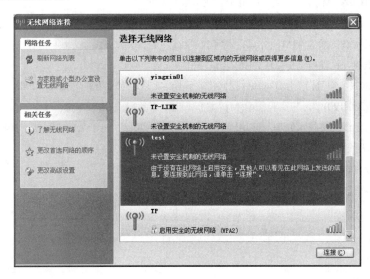

图 9-157 选择无线网络

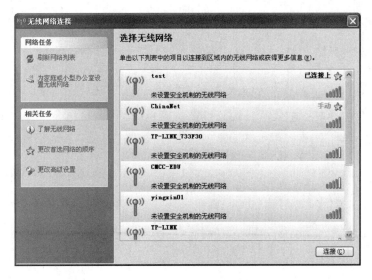

图 9-158 无线网络已连接

11）在无线终端上测试是否能访问 Internet。

□能　　　　　　　□否

参 考 文 献

[1] W Richard Stevens. TCP/IP 详解卷 1：协议[M]. 范建华，等译. 北京：机械工业出版社，2000.

[2] W Richard Stevens. TCP/IP 详解卷 2：实现[M]. 陆雪莹，等译. 北京：机械工业出版社，2000.

[3] Larry L，Peterson，Bruce S Davie. 计算机网络系统方法[M]. 4 版. 陈鸣，等译. 北京：机械工业出版社，
2009.

[4] 谢希仁. 计算机网络 [M]. 7 版. 北京：电子工业出版社，2017.

[5] 刘远生. 计算机网络教程[M]. 4 版. 北京：电子工业出版社，2012.

[6] 阚宝朋. 计算机网络技术基础[M]. 北京：高等教育出版社，2015.

[7] 杨云. 局域网组建、管理与维护[M]. 2 版. 北京：机械工业出版社，2017.

[8] Todd Lammle. CCNA 学习指南[M]. 6 版. 程代伟，等译. 北京：电子工业出版社，2008.

[9] 崔北亮. CCNA(200-120)学习与实验指南[M]. 北京：电子工业出版社，2014.

[10] Steve Rackley. 无线网络技术原理与应用[M]. 吴怡，等译. 北京：电子工业出版社，2012.

[11] 刘威，李莉. 无线网络技术[M].2 版. 北京：电子工业出版社，2017.

[12] 强世锦. 物联网技术导论[M]. 北京：机械工业出版社，2017.

[13] 闫连山. 物联网技术与应用[M]. 北京：高等教育出版社，2015.